どうぶつのおちんちん学

監修
浅利昌男
獣医学博士

緑書房

はじめに

私たち動物に自然に備わった行動に、眠る、動く、食べる、排泄する、呼吸をする、感じるなどがありますが、生殖も大事なその一つです。この生殖は将来において自分と同じ種の個体（子孫）を残すという世代の永続的なつながりをつくることを意味し、種の保存の観点から非常に重要な営みであり、生物の究極の目的です。その種の保存を行うため動物の体に備わった臓器を「生殖器」と言います。

生殖器にはオスのものとメスのものがあり、それぞれで役割が違います。オスが自分の子孫を残すためには、自分の生殖器で自分の遺伝子を持った精子をつくり、それを自分の体から出して、メスの生殖器に受け入れてもらわなければなりません。またそれを受け入れるメスの生殖器も自分の遺伝子を持った卵子をつくり、それをオスから来た精子と合体（受精）させることで、はじめてオスとメスのそれぞれの遺伝子が入った新しいいのちが生まれることになります。

さて、動物は生き残るために、体に備わる様々な臓器をそれぞれ長い間に進化させてきたと言われています。これは生殖器でも同じで、動物種ごとに生殖器にも色々な特徴が見られます。その中でも本書では特に、普段あまり日が当たらない部分ですが、メスとの交尾に絶対的な役割を持つオスの陰茎《いんけい》（外生殖器《がいせいしょくき》、俗語・幼児語で「おちんちん」）を中心に、オスの生殖に関係する臓器や機能についてお話をしたいと思います。

　陰茎について調べると、色々おもしろいことが発見できます。たとえば、犬や猫の陰茎には骨（陰茎骨《いんけいこつ》）がある、猫の亀頭《きとう》（陰茎の一部）には棘《とげ》が生えている、豚の亀頭は先端が捻れている、山羊や羊の亀頭の先端にはさらに突起が伸びている……。こう並べただけでも動物種によってもかなり特徴がみられます。本書では動物の陰茎の基本的な形、構造、動物ごとの特徴、そして陰茎以外のオスの生殖器として精巣《せいそう》、陰嚢《いんのう》その他の副生殖《ふくせいしょく》腺《せん》と言われる分泌腺《ぶんぴつせん》を同じように紹介していきたいと思います。そして陰茎にまつわる雑学なども読者のみなさんに紹介するためにまとめました。

　ただし、陰茎は生殖器であると同時に体の老廃物である「おしっこ」を排泄する臓器でもあります。これはこの二つの臓器の発生場所が近いため、陰茎の中を走る尿道《にょうどう》を精液《せいえき》の通路として共有することになるからです。このような近い関係から、解剖学ではしばしばこの二つの臓器を合わせて「泌尿生殖器《ひにょうせいしょくき》」と呼ぶことがあります。本書ではオスであるための代表的な臓器である陰茎の、特に生殖器としての姿を中心にまとめました。

　ところでみなさんは、本書のタイトルの【どうぶつのおちんちん学】をご覧になってどういうイメージを持たれましたか？　「おちんちん」という言葉にどういうイメージをお持ちでしょうか。言葉自体は前に書きましたように陰茎の俗語・幼児語で、おちんちんにはおしっこの通り道である尿路系の臓器としての役割もあるので、男の子におしっこをさせるときにこの言葉が使われるのではないでしょうか。おしっこの出口でもあるこの「おちんちん」を本のタイトルにするこのテーマを編集者が持ってきたとき、はじめは正直「どうかな？」と少し戸惑いました。しかし、陰茎そのものが動物によってその形を独特に変化させた臓器であることを考えると、確かに生物の進化の不思議を感じますし、表題も「陰茎」という、いかにも堅い解剖学用語を使うよりも、親しみやすくわかりやすい「おちんちん」を使う方がいいかもしれないと思い、この企画をお受けした次第です。

　本書では動物の陰茎の仕組みと働きについて、獣医解剖学と獣医臨床繁殖学のそれぞれの専門家が力を合わせて解説しました。本書の執筆者はみな獣医師であり、その多くは獣医学部の教員として日々教育や研究にいそしんできた者です。獣医師だから動物のことは何でも知っていると思われがちですが、獣医学部での教育で扱う動物は、牛、馬、豚、犬、それと猫という、人間の生活に最も近い家畜（最近では犬や猫を伴侶動物《はんりょどうぶつ》と呼びますが）を中心に学びますので、本書でもこれらの動物を中心に記載しました。ただし、今述べたように基本は家畜の話ですが、家畜以外の動物でもおもしろいエピソードがありますので、それもみなさんに紹介していきます。

第1章では「おちんちんの解剖学」として、犬をモデルに牛、馬、豚、猫などの各家畜の陰茎の形態学的な特徴を紹介し、続く第2章では「おちんちんの生理学」として、生殖活動に重要な精液と交尾活動について、こちらも犬をモデルに各家畜の特徴を紹介します。第3章では、(これが読者の方には一番おもしろいかもしれませんが) 前の2章で語りきれなかった動物たちの「おちんちんの雑学」を、俗説も含めてご紹介します。

二〇一八年春

監修者　浅利昌男

目次

第3章　おちんちんの雑学…105

監修者・執筆者

監修者

浅利昌男（麻布大学学長）

執筆者

浅利昌男（上掲）
…第１章１

二宮博義（麻布大学名誉教授、ヤマザキ動物看護大学名誉教授）
…第１章２、第３章２-①②、第３章３～４

市原伸恒（麻布大学獣医学部獣医学科 解剖学第一研究室）
…第１章３-①②

金子一幸（麻布大学獣医学部獣医学科 臨床繁殖学研究室）
…第１章３-③、第１章４-①、第２章１-①

大石元治（麻布大学獣医学部獣医学科 解剖学第一研究室）
…第１章３-④～⑥、第３章１、第３章７～８

吉岡一機（北里大学獣医学部獣医学科 獣医解剖学研究室）
…第１章４-②

津曲茂久（日本大学生物資源科学部獣医学科 獣医臨床繁殖学研究室）
…第１章４-③、第２章２～３、第３章５

野口倫子（麻布大学獣医学部獣医学科 臨床繁殖学研究室）
…第２章１-②～⑤

霍野晋吉（エキゾチックペットクリニック）
…第３章２-③④、第３章６

（所属は2018年６月現在）

第1章

おちんちんの解剖学

1　オスの生殖器の全貌

陰茎《いんけい》（おちんちん）について語る前に、まずは基礎知識としてオスの生殖器全般について、私たちにとって最も身近な動物と思われる犬をモデルに、どこで精子や精液がつくられ、どこを通って陰茎から外に出されるかをお話ししていきましょう。

犬のオスの生殖器は、精巣《せいそう》、精巣上体《せいそうじょうたい》、精管《せいかん》、前立腺《ぜんりつせん》、尿道《にょうどう》、陰茎からできています。各臓器については後で細かく説明するとして、ここではひとまず全体像を理解しましょう。

まず、オスの生殖器には精巣があります。精巣は精子をつくる**外分泌腺《がいぶんぴつせん》**[注1]であるとともに、**雄性《ゆうせい》（男性）ホルモン**[注2]を分泌する**内分泌腺《ないぶんぴつせん》**[注1]であり、こうした働きから生殖腺《せいしょくせん》とも呼ばれます。この精巣のある場所はとても合理的で、精子は体温よりも低い環境で効率よくつくられるため、精巣は熱のこもった**腹腔《ふくくう》**[注3]の中ではなく、その外に膨《ふく》らむ左右一対の皮膚の袋（陰嚢《いんのう》）の中にあります。こうして精巣を冷やすために、外気に触れる体表面にその位置を近づけています。犬では陰嚢は後足の間に、毛がまばらに生えた少しぶら下がった部分として見ることができます。猫は犬と比べて少しわかりにくいかもしれませんが、肛門のすぐ下にある毛で覆《おお》われた二つの小さな膨らみとして見ることができます。

さて、陰嚢の中にある精巣でつくられた精子はどのようにして陰茎まで移動するのでしょうか。精子は精巣を出た後、精巣上体管《せいそうじょうたいかん》を通って、成熟していきます。ここでの成熟には、犬では約二週間ほどかかると言われています。その後、精子は精管に入ります。精管は陰嚢と腹腔との境界のすき間（鼠径管《そけいかん》）を抜けて腹腔内に入り、後ろに急カーブして前立腺（後述）を貫通して、膀胱から伸びてきた尿道に開きます。こうして尿道に入った精子は尿道の先端（つまり陰茎の先端）である外尿道口から射精されます。前立腺のような尿道の途中にある分泌腺（副生殖腺《ふくせいしょくせん》）からは分泌物（精漿《せいしょう》）が出て精子と混ぜられ、次第に精液が完成されていきます。一般には副生殖腺には人間を含めて精管膨大部《せいかんぼうだいぶ》、前立腺《ぜんりつせん》、精嚢腺《せいのうせん》（馬では特にその形から精嚢《せいのう》と言うことがあります）、尿道球腺《にょうどうきゅうせん》がありますが、この腺の発達の程度は動物種によって様々です（後述）。

さて、精子と混ざる精漿とはどのようなものでしょうか。精漿には精子の栄養や運動、そして精子を保護する果糖やクエン酸が含まれていると言われています（詳しくは第2章を参照してください）。たとえば精子がメスの膣《ちつ》内に射精されたとき、膣内で精子が傷つかないよう保護するために、これらの分泌液が働きます。

最後に、この本のテーマである陰茎に軽く触れておきましょう。陰茎は尿を排出する排

オス犬の生殖器

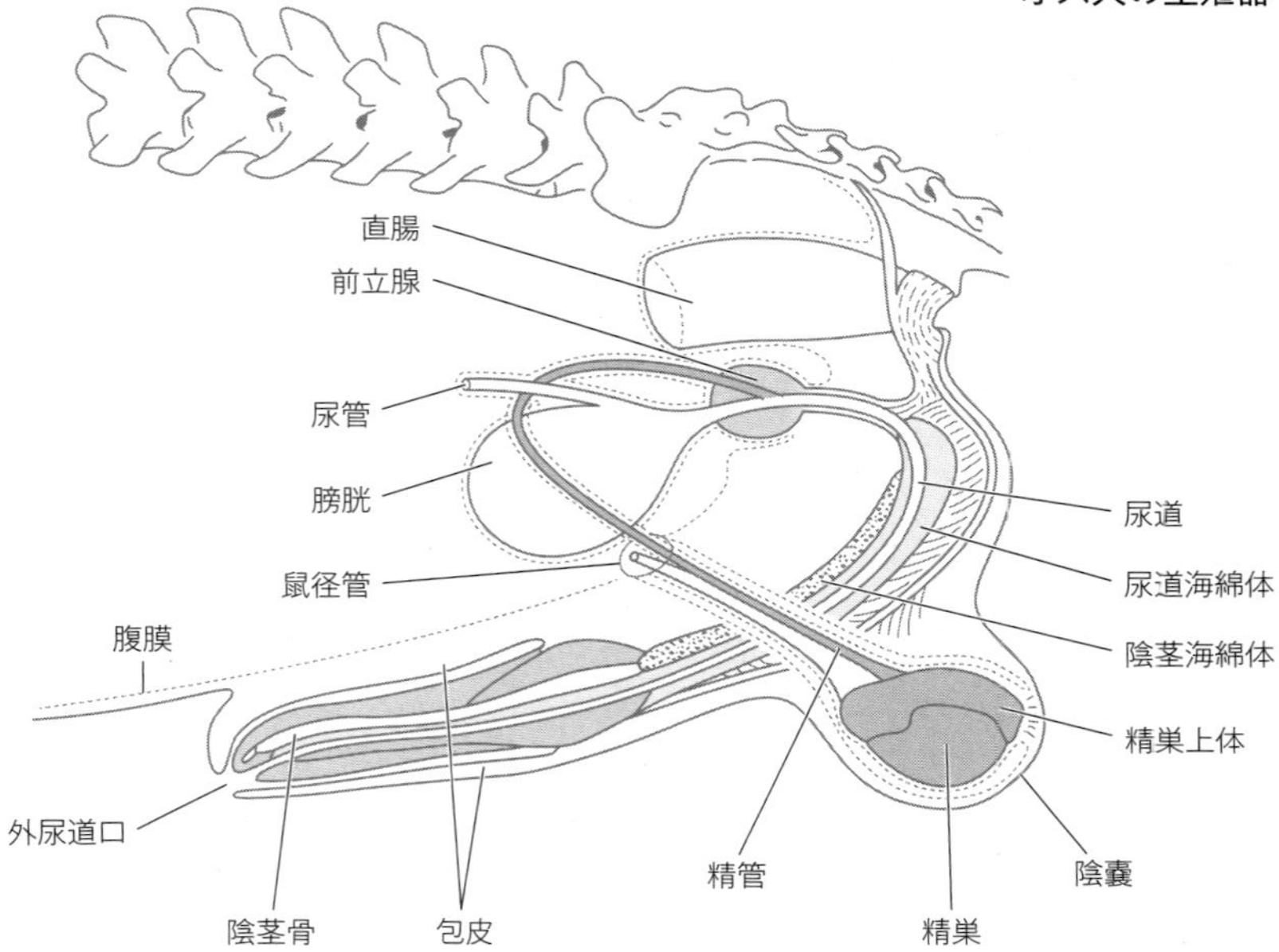

直腸
前立腺
尿管
膀胱
鼠径管
腹膜
外尿道口
陰茎骨
包皮
精管
精巣
陰嚢
精巣上体
陰茎海綿体
尿道海綿体
尿道

尿器でもあり、メスと交尾をするための交尾器でもあります。また、陰茎には勃起《ぼっき》の際に血液を貯めるため、特殊化した血管（海綿体《かいめんたい》）があります。陰茎の先端を亀頭《きとう》と言い、普段は包皮《ほうひ》に包まれています。亀頭の先端にはおしっこと精液の出口である外尿道口があります。射精とはこの出口から精液を放出することですが、射精されたばかりの精子はまだ卵子と合体（受精）できません。精子はメスの生殖器内で卵子と出会うまでに、膣や子宮、卵管などで様々な代謝を受け、受精できる精子に成長します。受精も楽ではないのです。

【注1】外分泌腺《がいぶんぴつせん》と内分泌腺《ないぶんぴつせん》

分泌腺とは、物質（分泌物）を分泌する体の細胞・組織細胞のことで、分泌物が導管《どうかん》を通って体の外（表皮や消化管など）に出るものを外分泌腺と言う。外分泌腺の分泌物には唾液・胃液などの消化液や汗がある。一方、分泌物が導管を通らずに血管に分泌され、血液を通って標的臓器にたどりつくものを内分泌腺と言い、この分泌物をホルモンと呼ぶ。

【注2】雄性《ゆうせい》（男性）ホルモン

ホルモンとは、内分泌腺が分泌する物質のことで、インスリンや成長ホルモンなど多種ある。雄性（男性）ホルモンは脊椎動物のオスの形質と発達と維持に関与する性ホルモンで、主に精巣から分泌される。アンドロゲンとも呼ばれる。

【注3】腹腔《ふくくう》

体の部分のうち、胃腸や膀胱《ぼうこう》の入る、横隔膜《おうかくまく》と腹《ふく》壁《へき》に囲まれた空間で、腹膜に囲まれている。

2 おちんちんの構造

さて、ここからは本題である陰茎《いんけい》（おちんちん）について詳しく解説していきましょう。本章は「おちんちんの解剖学」ということですので、おちんちんの構造について勉強していきます。少し専門的な話になってしまうかもしれませんが、なるべく平易な説明を心掛けようと思いますので、よろしくお付き合いください。

さて、陰茎の構造も動物種によって若干違いがありますが、ここでもまずは私たち人間にとって最も身近と思われる動物「犬」をモデルに説明していきましょう。

①おちんちんの全体像

陰茎《いんけい》は陰茎根《いんけいこん》、陰茎体《いんけいたい》、亀頭《きとう》および包皮《ほうひ》からできています。陰茎根は陰茎の付け根を言い、陰茎の中を走る特殊な血管網《けっかんもう》である尿道海綿体《にょうどうかいめんたい》と陰茎海綿体《いんけいかいめんたい》は、ここからはじまります。このように陰茎根は、陰茎に分布する血管や神経の進入路であり、勃起《ぼっき》に必要な筋肉（勃起筋《ぼっききん》）もここに集まります。陰茎体は陰茎根に続く陰茎の幹の部分です。犬以外の動

犬の陰茎の全体像（縦断面）

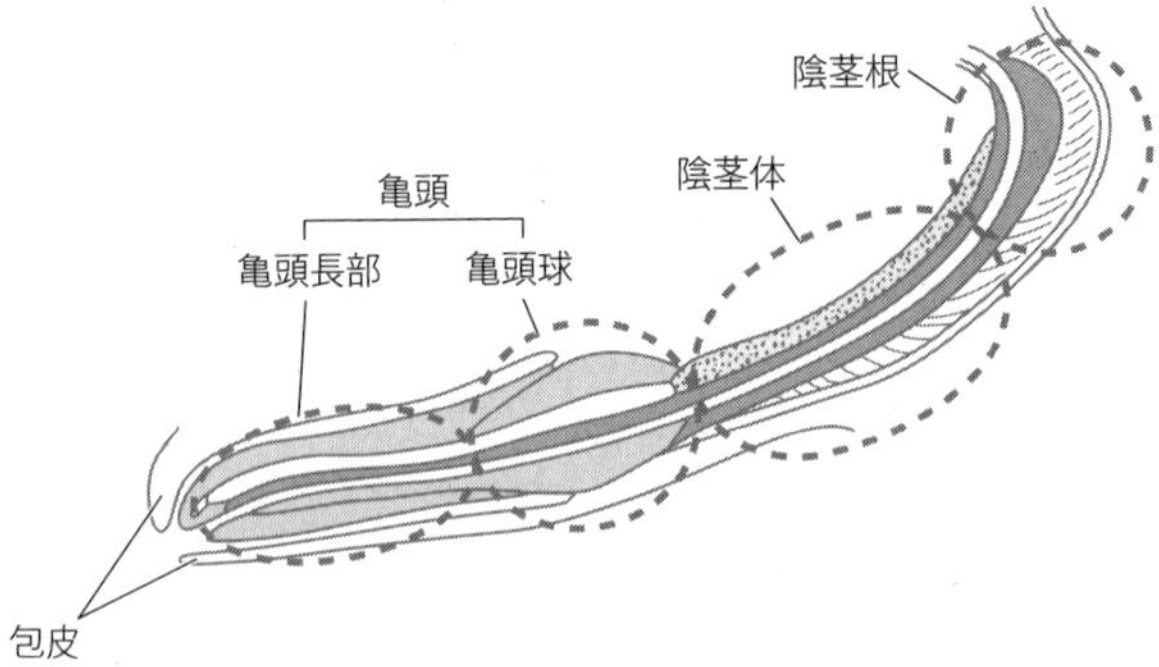

物では陰茎の本体となる部分ですが、犬の陰茎体は細く、発達が悪く、陰茎の膨張（勃起）には関わっていません。犬では、交尾中、尻合わせの状態になりますが、このとき、陰茎体はねじ曲げられ一八〇度反転しています（第2章に詳しい説明があります）。亀頭は陰茎の先端部分で、その先端に尿道が開口しています。犬ではこの亀頭がとても発達しています。犬の亀頭は大きく、球形の亀頭球《きとうきゅう》とその先の円筒形の亀《き》頭長部《とうちょうぶ》に分けられます。犬で陰茎と称されるのはこの亀頭の部分で、交尾時にはこの発達した亀頭のみがメスの腟《ちつ》に挿入されます。包皮は陰茎を包む皮膚で、腹壁《ふくへき》の皮膚に続いています。犬ではここに静脈（静脈叢《じょうみゃくそう》）が豊富に存在していて、寒冷時に陰茎が冷えすぎないように保温しています。

②特殊な血管組織である海綿体《かいめんたい》

海綿体《かいめんたい》とは、陰茎《いんけい》に存在する特殊な血管組織のことで、人間や犬の場合、ここに血液が集まることで陰茎が硬くなり、勃起《ぼっき》します。組織学的には毛細血管《もうさいけっかん》が拡張してできた血管（静脈洞《じょうみゃくどう》）で、これらがスポンジ状（スポンジのことを日本語では海綿《かいめん》と言います）をしています。陰茎にある海綿体には、陰茎海綿体《いんけいかいめんたい》と尿道海綿体《にょうどうかいめんたい》があります（後述）。この海綿体組織を包むように**平滑筋線維**《へいかつきんせんい》注1や**膠原線維**《こうげんせんい》注2が豊富に存在し、丈夫な膜（陰茎白膜《いんけいはくまく》）をつくっています。

そのうちの陰茎海綿体は左右一対あり、**陰茎脚**《いんけいきゃく》注3から入った血管（陰茎深動脈《いんけいしんどうみゃく》）の静脈洞がこの血管網《けっかんもう》をつくります。陰茎海綿体は陰茎体の本体となっています。

また、尿道海綿体は尿道を取り囲み、**骨盤腔**《こつばんくう》注4から陰茎の先端まで伸びています。骨盤腔内の海綿体は**尿道球**《にょうどうきゅう》注5と呼ばれ、ここが尿道球動脈と静脈の進入部位となっています。この海綿体は陰茎の先端でよく発達して亀頭を形成します。亀頭部の尿道海綿体を、特に亀頭海綿体《きとうかいめんたい》と呼ぶこともあります。

③おちんちんの骨（陰茎骨《いんけいこつ》）

犬の陰茎海綿体《いんけいかいめんたい》に続く先端部分で亀頭《きとう》に包まれる部分に陰茎《いんけい》骨《こつ》と呼ばれる骨があります。陰茎骨は尿道の上側（背側）にあり、中型犬で約六センチメートルの細長い骨です。この骨を詳しく見ると、尿道に接している側に凹みがあり、そこに尿道と尿道海綿体が走っています。陰茎骨は亀頭の先端部に向かって徐々に細くなる形をしています。

犬の陰茎の海綿体構造

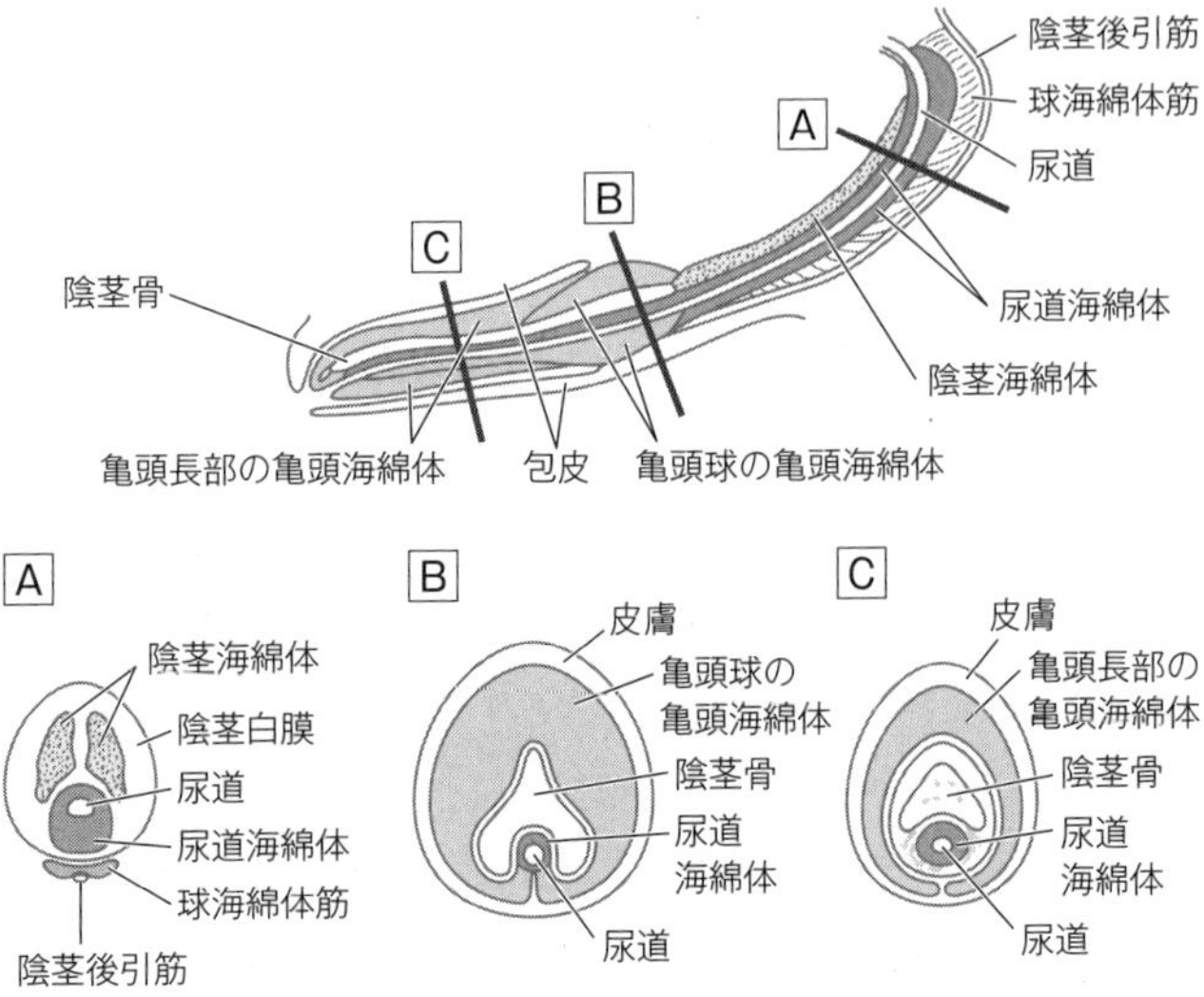

④勃起《ぼっき》に関わる筋肉

勃起《ぼっき》に関わる筋肉（勃起筋《ぼっききん》）には、坐骨海綿体《ざこつかいめんたい》筋《きん》・球海綿体筋《きゅうかいめんたいきん》・坐骨尿道筋《ざこつにょうどうきん》の三つがあります。これらはそれぞれ陰茎の付け根（陰茎根《いんけいこん》）のあたりに付着して、勃起に重要な働きを持ちます。このうちの坐骨海綿体筋は、坐骨にはじまり**陰茎脚**《いんけいきゃく》注3を覆うように存在し、勃起の際に陰茎脚を圧縮して、陰茎脚の血液を陰茎海綿体《いんけいかいめんたい》に送り込みます。二つ目の球海綿体筋は**尿道球**《にょうどうきゅう》注5を包むように存在しており、勃起の際は尿道球の血液を、尿道海綿体を通じて亀頭に送るポンプの役割を果たします。三つ目の坐骨尿道筋は坐骨海綿体筋と同じく坐骨にはじまり、陰茎根付近、陰茎背《いんけいはい》静脈《じょうみゃく》（後述）のあたりまで存在しています。この筋は勃起の際に陰茎背静脈を圧迫閉鎖して、勃

犬の勃起に関わる筋肉

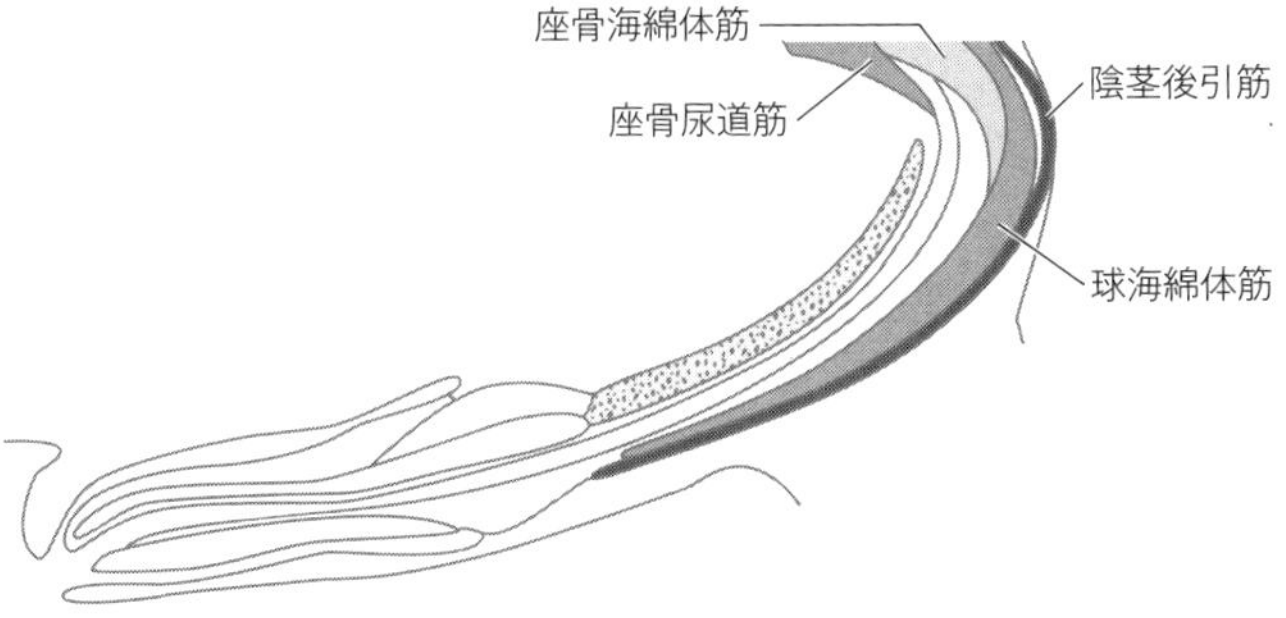

起を維持する重要な役目があります。

⑤おちんちんに分布する血管

陰茎《いんけい》に分布する動脈は、その名の通り陰茎動脈《いんけいどうみゃく》で、陰茎根《いんけいこん》付近で三本の動脈（陰茎深動脈《いんけいしんどうみゃく》・尿道《にょう》球動脈《どうきゅうどうみゃく》・陰茎背動脈《いんけいはいどうみゃく》）に枝分かれします。そのうちの陰茎深動脈は陰茎脚《いんけいきゃく》より陰茎《いんけい》に入り、無数の細かい動脈（細動脈《さいどうみゃく》）に枝分かれしてから陰茎海綿体に血液を送ります。この細動脈は螺行（らせん）動脈と呼ばれ、その内腔には**平滑筋線維**《へいかつきんせんい》[注1]でつくられるポルスター（クッション、枕）と呼ばれる突起物が存在しています。オスが性的に興奮すると、このポルスターと細動脈壁《さいどうみゃくへき》の平滑筋線維《へいかっきんせんい》がゆるんで血管を広げ、血液を多量に海綿体に送り込めるようになります。二つ目の尿道

犬の陰茎に分布する血管

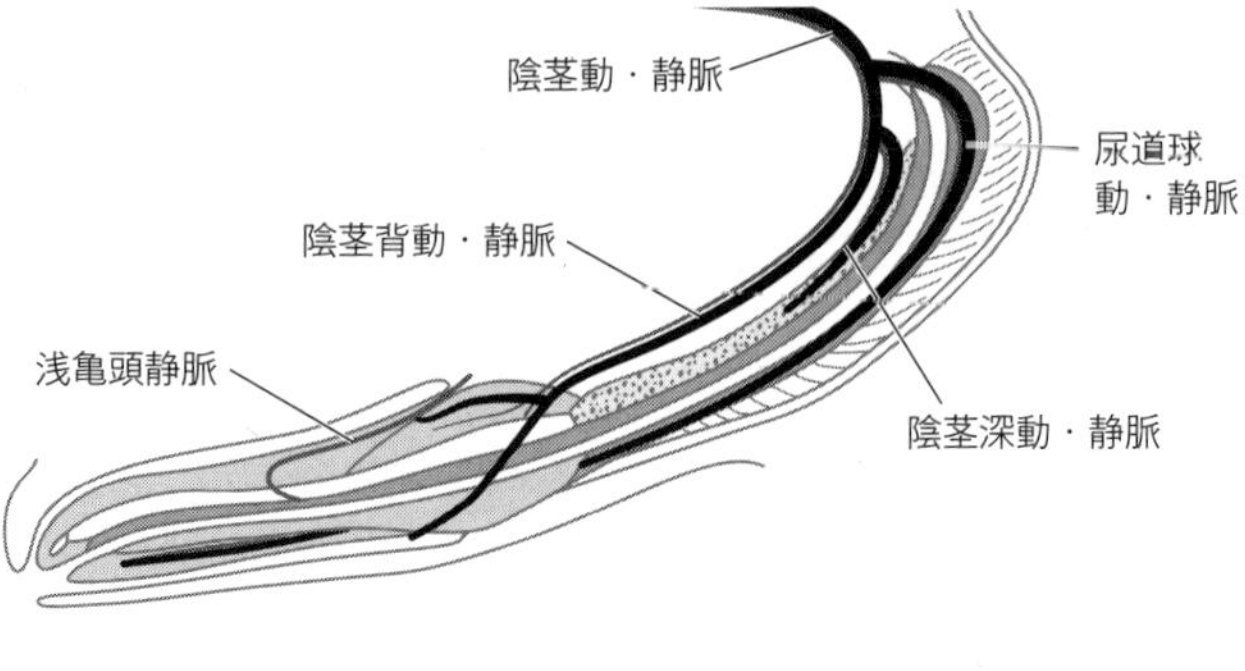

球動脈は、尿道球より陰茎《いんけい》に入って細動脈となり、尿道海綿体に血液を送ります。この細動脈にも、陰茎深動脈と同様にポルスターが存在します。最後の陰茎背動脈は陰茎の背側（上側）を走ります。これは前の二つとは異なり、陰茎の組織に酸素や栄養を与えるのみで、勃起には直接関与しません。

一方、陰茎からは四本の静脈（陰茎深静脈《いんけいしんじょうみゃく》・尿道球静脈《にょうどうきゅうじょうみゃく》・陰茎背静脈《いんけいはいじょうみゃく》・浅《せん》亀頭《きとう》静《じょう》脈《みゃく》）が出ており、いずれも勃起に深く関与しています。一つ目の陰茎深静脈は陰茎海綿体からの血液を体に戻します。陰茎海綿体からこの静脈に移行する部分は極端に細くなっていて、海綿体からの血液の流出を制限し、勃起を維持できる仕組みになっています。次の尿道球静脈は尿道海綿体（主に尿道球）からの血液を全身に戻します。三つ目の陰茎背静脈は左右対にあり、亀頭球《きとうきゅう》からの血液を集め、陰茎の背側を陰茎の付け根（陰茎根）に向けて走る静脈です。陰茎根付近で左右の陰茎背静脈が合流して一本になり、ここには前述した坐骨尿道筋《ざこつにょうどうきん》が付着します。こうして勃起時にこの筋が収縮して陰茎背静脈を圧迫して閉じ、血液の流出を防ぎ、亀頭球を膨張させます。最後の浅亀頭静脈は家畜の中では犬にしか見られない静脈で、亀頭長部からの血液を集め、包皮に沿って走り、その後血液を全身に戻します。この静脈も勃起を維持させるために重要な血管ですが、今までの静脈のように、血液の流出を制限する勃起筋の圧迫による血管の閉鎖により血液の流出を防ぐの

犬の勃起時の血流

交尾前

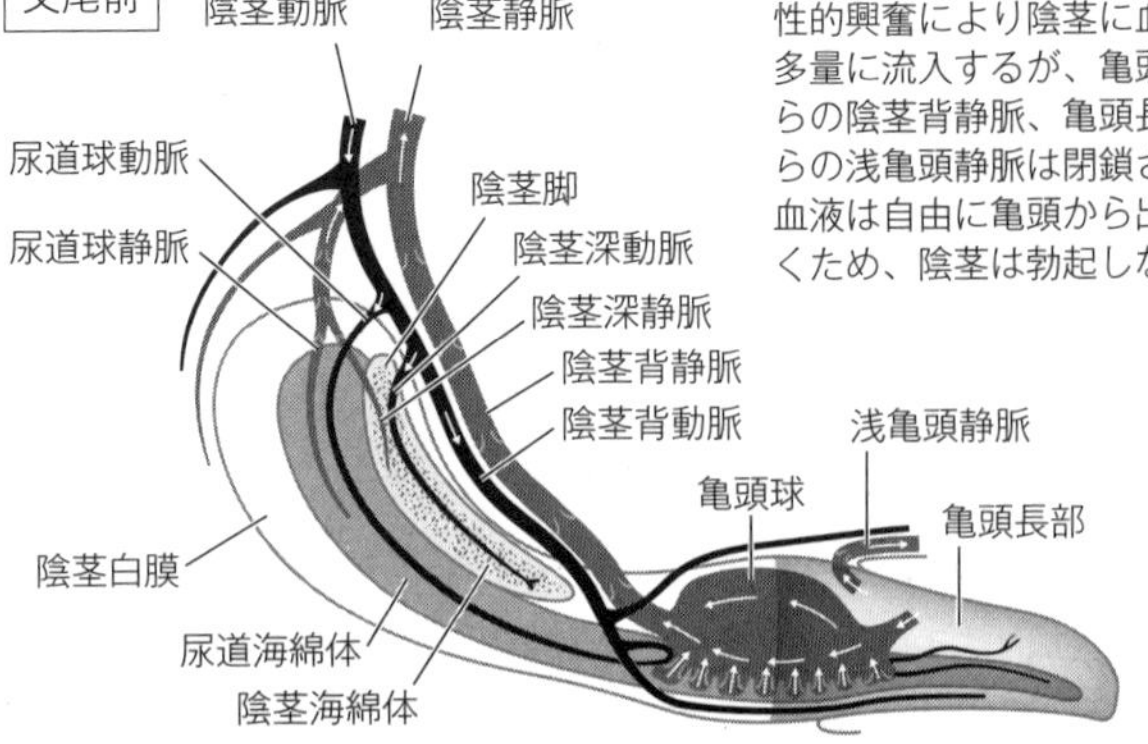

性的興奮により陰茎に血液が多量に流入するが、亀頭球からの陰茎背静脈、亀頭長部からの浅亀頭静脈は閉鎖されず、血液は自由に亀頭から出て行くため、陰茎は勃起しない

交尾中（勃起時）

陰茎背静脈がまず坐骨尿道筋の収縮により閉鎖される（①）。次に、尻合わせの姿勢により陰茎が折れ曲がり、陰茎背静脈が捻れて閉鎖される（②）。一方で、浅亀頭静脈も陰門の収縮により閉鎖される（③）

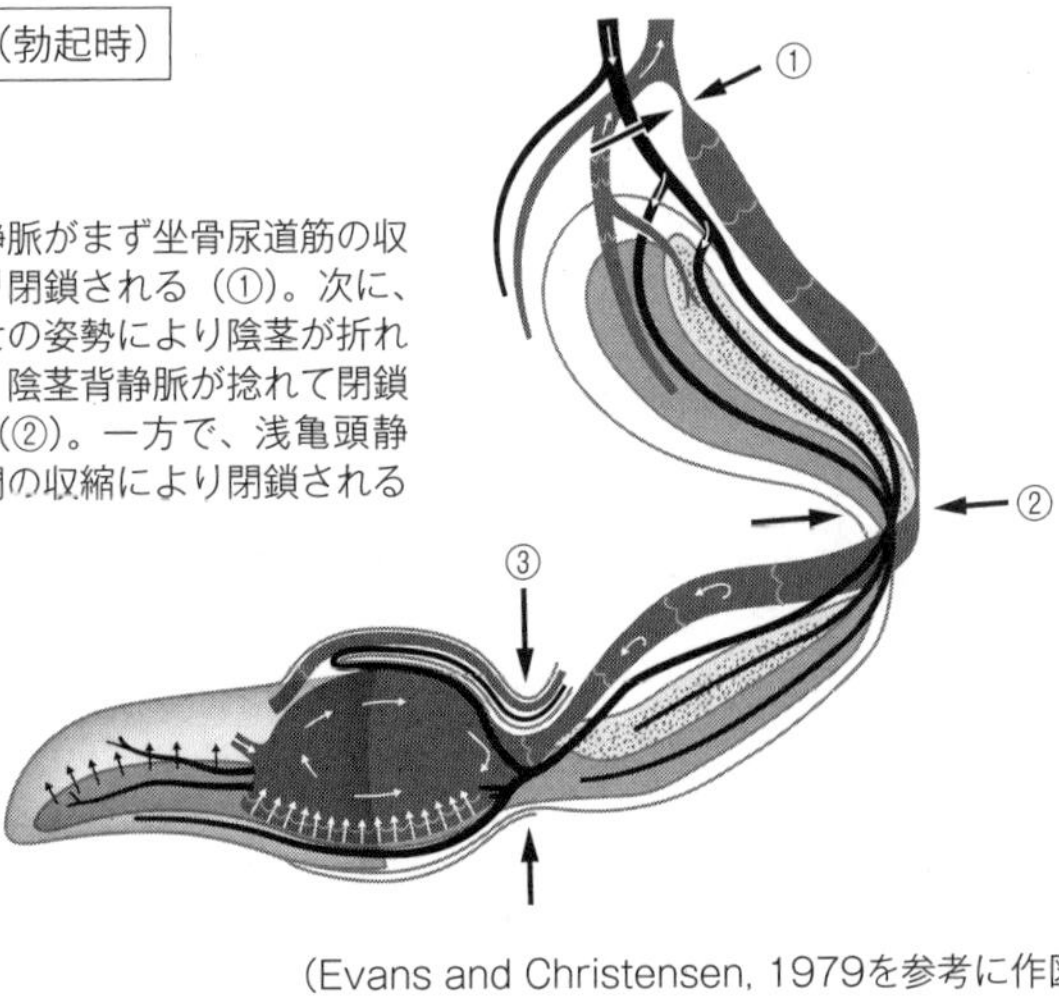

（Evans and Christensen, 1979を参考に作図）

ではなく、交尾の際に尻合わせの姿勢をとる際にこの静脈を一八〇度反転させる（静脈を捻る）ことで閉鎖させ、血液の流出を防ぎます。浅亀頭静脈はこうして、亀頭長部を膨張させるのです。

⑥おちんちんの神経支配

陰茎《いんけい》は、腰髄《ようずい》から出る**交感神経**《こうかんしんけい》（下腹神経《かふくしんけい》）・仙髄《せんずい》から出る**副交感神経**《ふくこうかんしんけい》（骨盤神経《こつばんしんけい》）・主に仙髄《せんずい》から出る**体性神経**《たいせいしんけい》（陰部神経《いんぶしんけい》）[注6]の支配を受けています。下腹神経は勃起筋《ぼっききん》や肛門《こうもん》括約筋《かつやくきん》の収縮や射精に関わっています。骨盤神経は**骨盤腔**《こつばんくう》[注4]の臓器（膀胱《ぼうこう》・前立腺《ぜんりつせん》・尿道《にょうどう》球《きゅう》・直腸《ちょくちょう》）に枝を出した後に、陰茎に分布して、勃起に深く関わります。陰部神経は尿《にょう》道突起《どうとっき》、亀頭冠《きとうかん》および亀頭球《きとうきゅう》の皮膚に集中しており、陰茎の知覚（感覚）や陰茎に分布する筋などの運動に深く関わっています。

⑦動物種によるおちんちんの違い

動物種により様々な形態を示す陰茎《いんけい》ですが、その構造から大きく、線維弾性型《せんいだんせいがた》（代表例は牛）と筋海綿体型《きんかいめんたいがた》（代表例は人と馬）の二種類に分類できます。

線維弾性型の陰茎は細長く、付け根の部分はS字に折り曲げられており（S字曲）、厚くて伸縮性のない陰茎白膜《いんけいはくまく》（前出）と呼ばれる丈夫な膜に包まれています。この型の陰茎では勃起による膨張は顕著ではありませんが、この膜が非常に厚いため、挿入時に一定の硬さが保たれます。勃起の際は陰茎海綿体《いんけいかいめんたい》に血液が充満し、陰茎を前に押し出すとともに、**陰茎後引筋**《いんけいこういんきん》[注7]が弛緩《しかん》することでS字状に折り曲げられた陰茎をまっすぐに伸ばします。陰茎の本体となる陰茎海綿体は小さく、少ない血液で勃起することができます。交尾が終わると陰茎後引筋が収縮して、陰茎を包皮《ほうひ》内に引き戻します。後で述べる筋海綿体型の陰茎を持つ動物と比べ、勃起時の血液は少量で済む省エネタイプで、太さはさほど変わらず長さで勝負しています。この型の陰茎を持つ家畜は、牛のほかに豚、羊、山羊などがいます。

牛の陰茎は先端（亀頭）が若干捻れています。陰茎の先端に明瞭な亀頭はなく、先細りしていますが、より先端に尿道突起《にょうどうとっき》（後述）があります。非勃起時でも陰茎は陰茎白膜《いんけいはくまく》のためにある程度硬く、勃起時は若干硬さを増した陰茎が包皮から外に出て、前方に伸展します。陰茎の長さは一メートルほどです（乾燥させてスティック状にしたものが、干し肉と同様、犬のおやつになっています）。実はクジラの陰茎の形は牛とよく似ていて、巨大

牛の陰茎（左）と先端部（右）

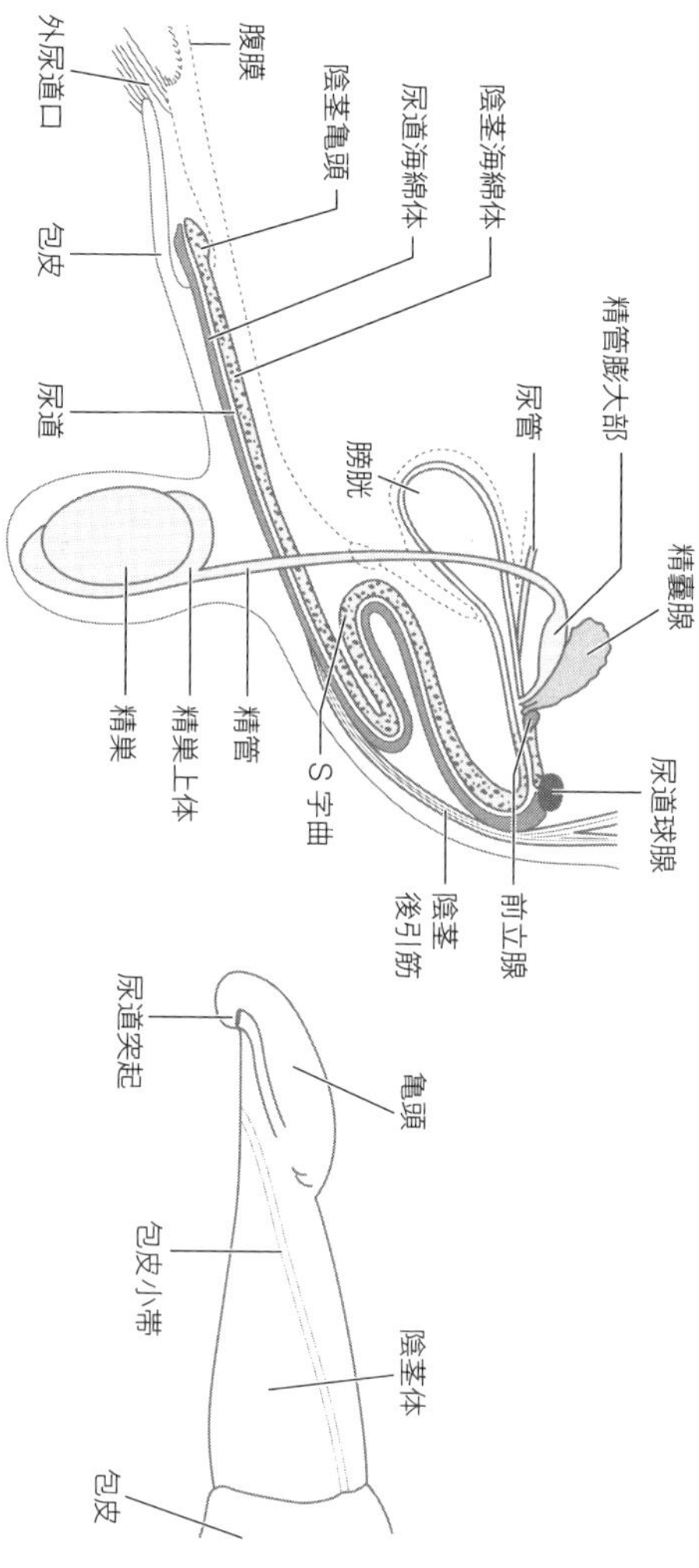
精嚢腺
尿道球腺
前立腺
陰茎後引筋
精管膨大部
尿管
膀胱
陰茎海綿体
尿道海綿体
陰茎亀頭
腹膜
S字曲
精管
精巣上体
精巣
尿道
包皮
外尿道口
亀頭
陰茎体
尿道突起
包皮小帯
包皮

豚の陰茎（左）と先端部（右）

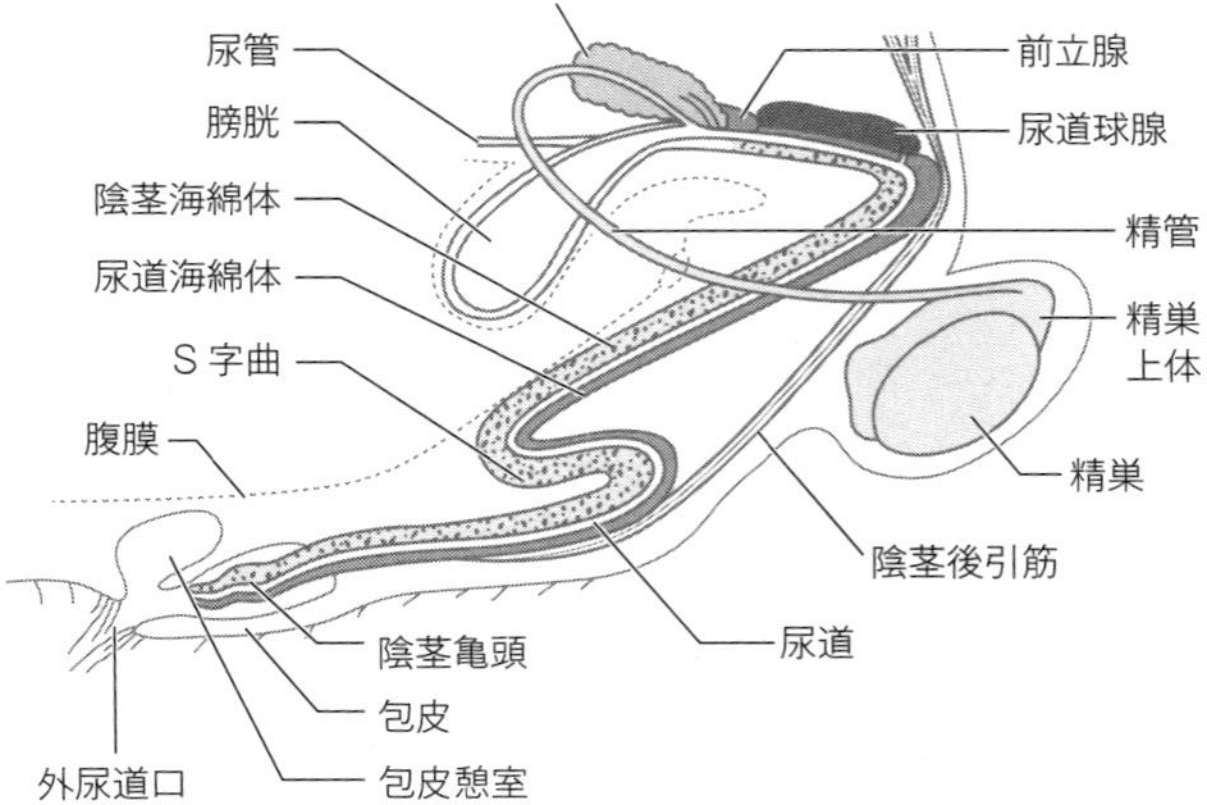
精嚢腺
尿管
膀胱
陰茎海綿体
尿道海綿体
S 字曲
腹膜
前立腺
尿道球腺
精管
精巣
上体
精巣
陰茎後引筋
尿道
陰茎亀頭
包皮
包皮憩室
外尿道口

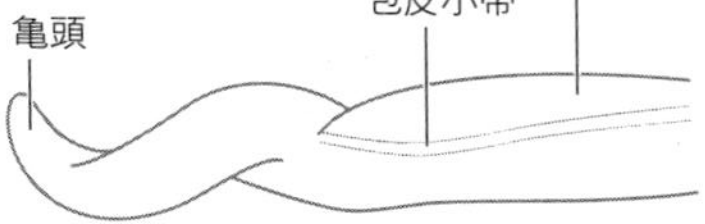
亀頭
包皮小帯
陰茎体

なS字状をしています。というのも、クジラの祖先は意外にも偶蹄類《ぐうているい》（蹄《ひづめ》が偶数ある動物）のカバであり、同じ偶蹄類に属する牛と陰茎が似ていても不思議ではないわけです。

　豚の陰茎の先端（亀頭）は牛よりさらに捻れていて、右に巻いています。この陰茎を受け入れるメスの子宮頸《しきゅうけい》（膣と子宮の結合部）の内部のすき間もらせん状に捻れているので、陰茎と膣はしっかりと絡み合うことができるようになっています。

　羊の陰茎の先端には、ヒモ状に伸びる尿道突起があります。この尿道突起は、尿道海綿体が伸びたもので、表面の皮膚には知覚神経《ちかくしんけい》の末梢が無数に存在していて、最も敏感な部分と言えるでしょう。このような突起は射精した精液を少しでも膣の奥まで届けるためにあると考えられています。山羊は羊とほぼ同様の亀頭と尿道突起を有しています。

羊の陰茎の先端部

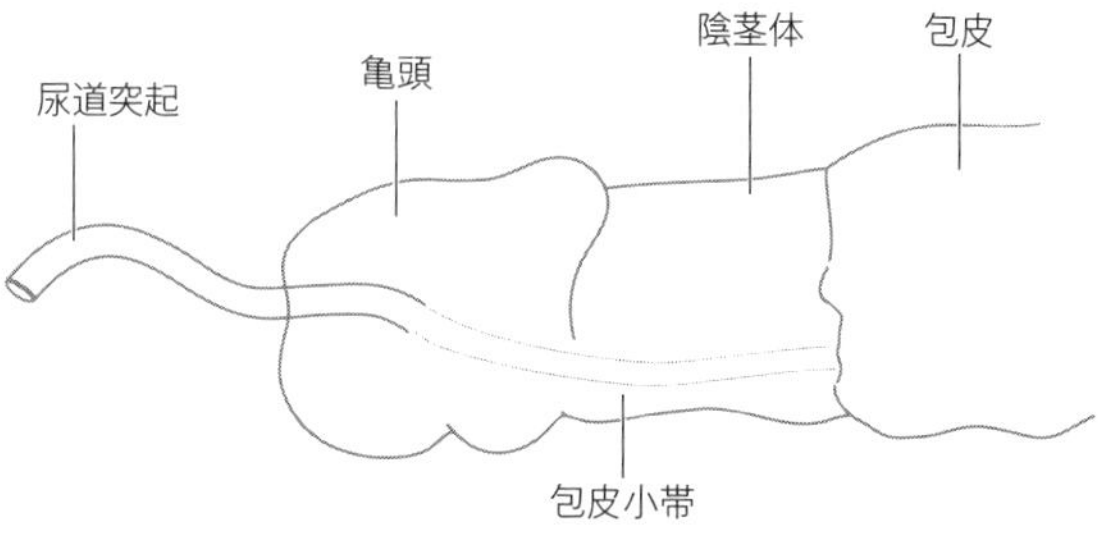

馬の陰茎（左）と先端部（右）

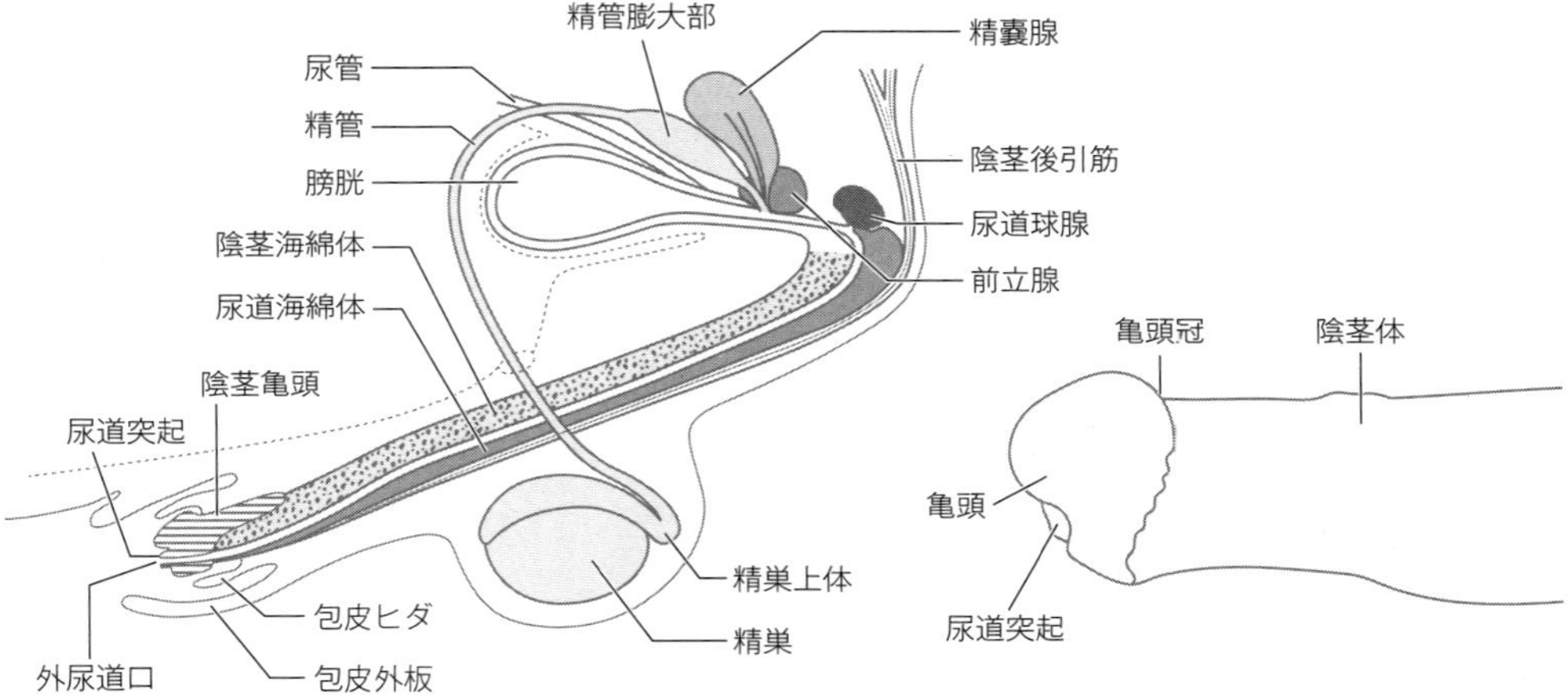
精管膨大部
精嚢腺
尿管
精管
膀胱
陰茎後引筋
尿道球腺
陰茎海綿体
前立腺
尿道海綿体
亀頭冠
陰茎体
陰茎亀頭
尿道突起
亀頭
精巣上体
包皮ヒダ
精巣
尿道突起
外尿道口
包皮外板

一方、筋海綿体型の陰茎は、よく発達した陰茎海綿体と亀頭を持ち、海綿体に血液を集めることで勃起します。先ほどの線維弾性型の陰茎に比べ、勃起には大量の血液を必要とし、勃起時に陰茎の長さ、太さともに大きく膨張します。このタイプの陰茎を持つ動物は、犬のほかに馬、猫、そして私たち人間です。人間と同じタイプだといえば、イメージしやすいかもしれません。

馬の陰茎は、人間同様、陰茎海綿体が非常によく発達していて、陰茎の大部分を占めています。非勃起時では、陰茎の長さは約五〇センチメートルで、太さは二・五～六センチメートルほどですが、勃起時には長さも太さも三～四倍に膨張します。また、勃起すると尿道突起も明瞭になります。

猫の亀頭はタケノコ状に尖っていて、その表面には陰茎棘《いんけいきょく》と呼ばれる角質からなるトゲが多数（一〇〇～一二〇個）存在しています。このトゲの発現は、雄性《ゆうせい》（男性）ホルモンであるテストステロンの影響を受け、九～一三週齢から現れ、老齢猫や去勢猫では消失します。このトゲは交尾中にメスの膣に物理的な刺激を与えます。猫は**交尾排卵動物**《こうびはいらんどうぶつ》注8ですので、交尾時に膣《ちつ》からの強烈な刺激が必要なのです。猫は多夫一妻の乱交型で、一匹のオスと交尾しても、その後にすぐに別のオスと交尾をします。これは、交尾時に排卵を確実に起こしてくれるオスを求めての行為です。余談ですが、同じネコ科のライオンのメス

猫の陰茎（左）と先端部（右）

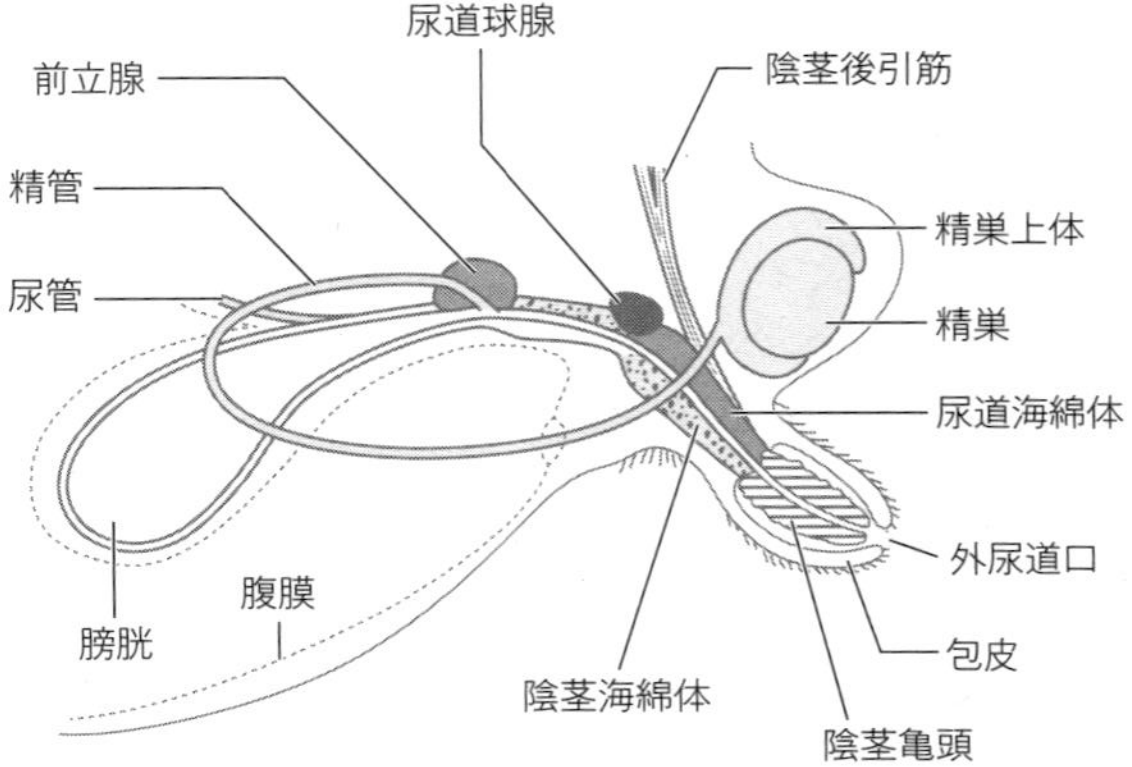
尿道球腺
前立腺
陰茎後引筋
精管
精巣上体
尿管
精巣
尿道海綿体
外尿道口
腹膜
膀胱
包皮
陰茎海綿体
陰茎亀頭

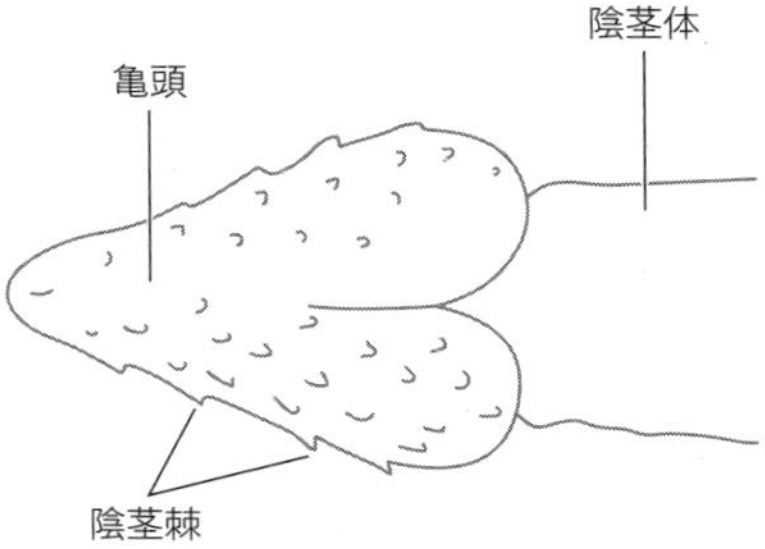
陰茎体
亀頭
陰茎棘

は、一日に一〇〇回交尾することができると言われています。一回の交尾から次の交尾までは四分ほどの間隔をおきますが、これだけ交尾しても妊娠率は三八パーセントにとどまるそうです。まれに猫にも三〜五ミリメートルの陰茎骨《いんけいこつ》が認められることがあります。

【注1】平滑筋線維《へいかつきんせんい》

平滑筋《へいかつきん》をつくる細胞。平滑筋細胞《へいかつきんさいぼう》とも呼ばれる。内臓の筋層に多く含まれ、意志に関係なく動く。

【注2】膠原線維《こうげんせんい》

体を構成する線維質の一つで、コラーゲンからなる。腱、靭帯、骨に多く含まれ、伸張性に乏しいが引っぱりに強い。

【注3】陰茎脚《いんけいきゃく》

陰茎脚は陰茎根《いんけいこん》にある海綿体組織《かいめんたいそしき》の中で、陰茎根背側にある二本の柱状の海綿体組織。陰茎海綿体のはじまりの部分になる。

【注4】骨盤腔《こつばんくう》

骨盤をつくる左右の寛骨《かんこつ》（腸骨《ちょうこつ》・恥骨《ちこつ》・坐骨《ざこつ》）の中にできる腹腔《ふくくう》に続く部屋（体腔《たいくう》）。中に卵巣や子宮、前立腺、直腸などの臓器が収まる。

【注5】尿道球《にょうどうきゅう》

陰茎脚《いんけいきゃく》の間に挟まれるようにある、陰茎根《いんけいこん》の海綿体組織が尿道球であり、この海綿体組織は陰茎にある尿道海綿体に続く。

【注6】交感神経《こうかんしんけい》・副交感神経《ふくこうかんしんけい》・体性神経《たいせいしんけい》

交感神経と副交感神経は、意志とは関係なく反射的、自動的に動くもので、自律神経と呼ばれている。自律神経は消化管や心臓の動きや代謝、体温調節など、動物が生命を保つうえで欠かせない働きを担う。交感神経は興奮しているときに優位になる神経で、反対に副交感神経はリラックスしているときに優位になる。体性神経は痛みなどの感覚を大脳に伝える感覚神経と、大脳からの意志により筋肉を動かす運動神経からなる。

【注7】陰茎後引筋《いんけいこういんきん》

尾椎《びつい》から伸びて陰茎に付着する一対の筋。勃起筋《ぼっききん》ではない。

【注8】交尾排卵動物《こうびはいらんどうぶつ》

多くの動物は発情時に排卵するのに対し、交尾刺激により排卵する動物のこと。

3 精巣とそれを包む陰嚢《いんのう》

①陰嚢の皮膚は三重構造

私たち人間をはじめ、多くの哺乳類では精巣は陰嚢《いんのう》の中にあります。母体の中で受精卵から体がつくられる胎子の時期に、精巣や精巣上体《せいそうじょうたい》ははじめは胎子のおなかの中（腹腔《ふくくう》内）にありますが、徐々にお腹の皮膚の一部が外側に向けて膨《ふく》らみはじめ、その中に精巣や精巣上体が移動していきます（後述）。陰嚢は哺乳類だけにみられる特徴的な構造の皮膚の袋ですが、原始的な哺乳類であるカモノハシやクジラの仲間、象などは陰嚢を持たず、精巣が腹腔内にとどまっています。

胎子期に陰嚢がつくられる際には、お腹の皮膚だけではなく、お腹の壁（腹壁《ふくへき》）をつくっている筋や、これらの筋を覆っている膜（筋膜《きんまく》）、腹壁の一番内側にある膜（腹膜《ふくまく》）も一緒に外側に膨らんで、陰嚢がつくられます。だから一口に「陰嚢の壁」と言っても、その壁の中に様々な要素が層状に集まっています。試しに陰嚢を構成する構造ひとつひとつを表面から並べて見ると、それがわかります。まずは陰嚢皮膚、あとは内側に向かって順番に肉様膜《にくようまく》・外精筋膜《がいせいきんまく》・精巣挙筋膜《せいそうきょきんまく》・精巣挙筋《せいそうきょきん》・内精筋膜《ないせいきんまく》・精巣鞘膜《せいそうしょうまく》 壁側板《へきそくばん》・精巣《せいそう》鞘膜《しょうまく》 臓側板《ぞうそくばん》となり、この壁側板と臓側板の間に鞘状腔《しょうじょうくう》という隙間ができます。名前を並べるだけでも専門的で何やら難しそうですが、これらは次の三つにグループ分けすると、少しわかりやすくなるでしょう。

皮膚：陰嚢皮膚・肉様膜
腹壁の筋と筋膜：外精筋膜・精巣挙筋膜・精巣挙筋・内精筋膜
腹膜：精巣鞘膜 壁側板・（鞘状腔）・精巣鞘膜 臓側板
※外精筋膜、精巣挙筋膜、精巣挙筋、内精筋膜、精巣鞘膜 壁側板をまとめて「総鞘膜《そうしょうまく》」と言う。

犬の陰嚢壁の層状構造

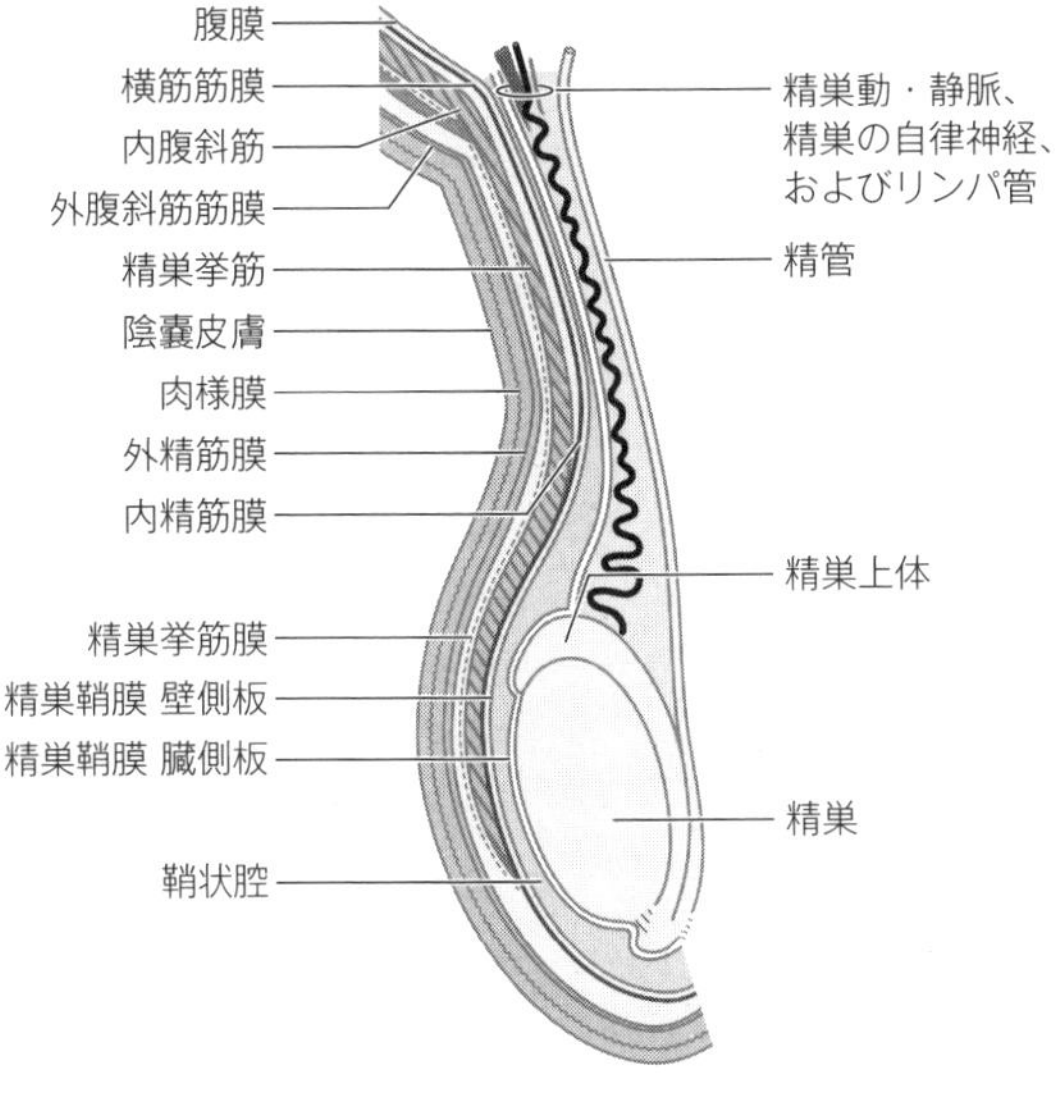

②陰嚢《いんのう》皮膚による温度管理システム

陰嚢《いんのう》皮膚は体のほかの場所にある皮膚に比べて薄く、また表面を湿らす汗腺《かんせん》[注1]や脂腺《しせん》[注1]が発達していることが特徴です。精子がつくられるための最適温度は体温より低いとお伝えしましたが、陰嚢皮膚はこうした構造から見てわかるように、陰嚢内の温度を下げること、つまり精巣を冷やすことを得意としています。そもそも精巣が腹腔内ではなく陰嚢にあることは、陰嚢を外の空気に触れさせて陰嚢内の温度を下げることに役立っています。さらに陰嚢の皮膚は薄いため、効果的に温度を下げることができます。また、発達している腺からの分泌物が蒸発する際に陰嚢の温度を奪い、陰嚢内の温度を下げてくれます。

肉様膜《にくようまく》は、皮膚の下にある皮下組織《ひかそしき》と呼ばれる構造に相当するもので、陰嚢以外の皮膚にみられる皮下組織よりも多くの筋を含んでいます。暑いときにはこの筋が緩むことで陰嚢皮膚が伸び、表面積を増すことによって熱を外に逃がし陰嚢内の温度を効率的に下げることができ、反対に寒いときにはこの筋が収縮することで、陰嚢皮膚の表面にしわをつくり、表面積を減らし熱の放散を防ぎ、陰嚢内の温度を保つことができます。陰嚢の皮膚にはこれらの特徴に加え、ほかの場所の皮膚に比べて皮下脂肪に乏しいという特徴もあります。皮下脂肪には保温の役割もありますので、陰嚢内を低温に保つことにおいて皮下脂肪は多くある必要はないということでしょう。

さて、腹壁《ふくへき》の筋から陰囊に伸びる構造のうち、精巣挙筋《せいそうきょきん》は陰囊《いんのう》の下の方まで伸びているため、陰囊内の精巣の位置を調節することができます。暑いときには精巣挙筋がゆるんで、精巣を温かい体から遠ざけ、冷やすことができます。また、この筋は陰囊表面からの刺激に対して、精巣を守るように刺激から遠ざける（体に近づける）働きもあるとされています。寒いとき、恐怖を感じたときに玉（精巣）が縮こまるのは、陰囊皮膚の伸び縮みと精巣挙筋による精巣の位置の調節によるものです。また、ネズミの仲間には繁殖期だけ精巣が陰囊内にあり、繁殖期以外の時期では精巣が体内に移動する動物もいます。このような動物の場

暑熱時と寒冷時の陰囊皮膚の伸縮イメージ

暑熱時は肉様膜がゆるむため陰囊皮膚が伸びる。また、精巣挙筋もゆるむため、体と離れた位置に陰囊はぶら下がっている

寒冷時は肉様膜が収縮するため陰囊皮膚も縮む。また、精巣挙筋も縮むため、陰囊は体にくっつく

合、精巣挙筋が精巣を引っ張ることで、精巣は体腔《たいくう》内に戻ることができます。

③精子をつくる精巣

陰嚢《いんのう》の中に収まる左右一対の卵型をした臓器を精巣と言い、生殖に必要な精子はここでつくられます。

精巣内は直径〇・一〜〇・三ミリメートル、長さ数十センチメートルの迂曲《うきょく》した細い管で充満しており、この細い管を曲精細管《きょくせいさいかん》といいます。一つの精巣の中には数百本の曲精細管があり、全長は数百メートルにも達します。精子はこの曲精細管内で生産されます。曲精細管を輪切りに切ると、その一番外側の壁に基底膜《きていまく》と言われる薄い結合組織の膜がありす。性成熟に達する前の曲精細管内には、将来精子になるA型精祖細胞《せいそさいぼう》（第2章で詳しく説明しています）が、基底膜を内張するように一層に並んでいます。このA型精祖細胞の間に、精祖細胞や精子になる途中の細胞に栄養を与えたり支持や保護をしたりするセルトリ細胞（支持細胞《しじさいぼう》）が、やはり基底膜に接して存在します。これらの精子になる細胞（精《せい》細胞《さいぼう》）とセルトリ細胞を、合わせて精上皮《せいじょうひ》と言います。

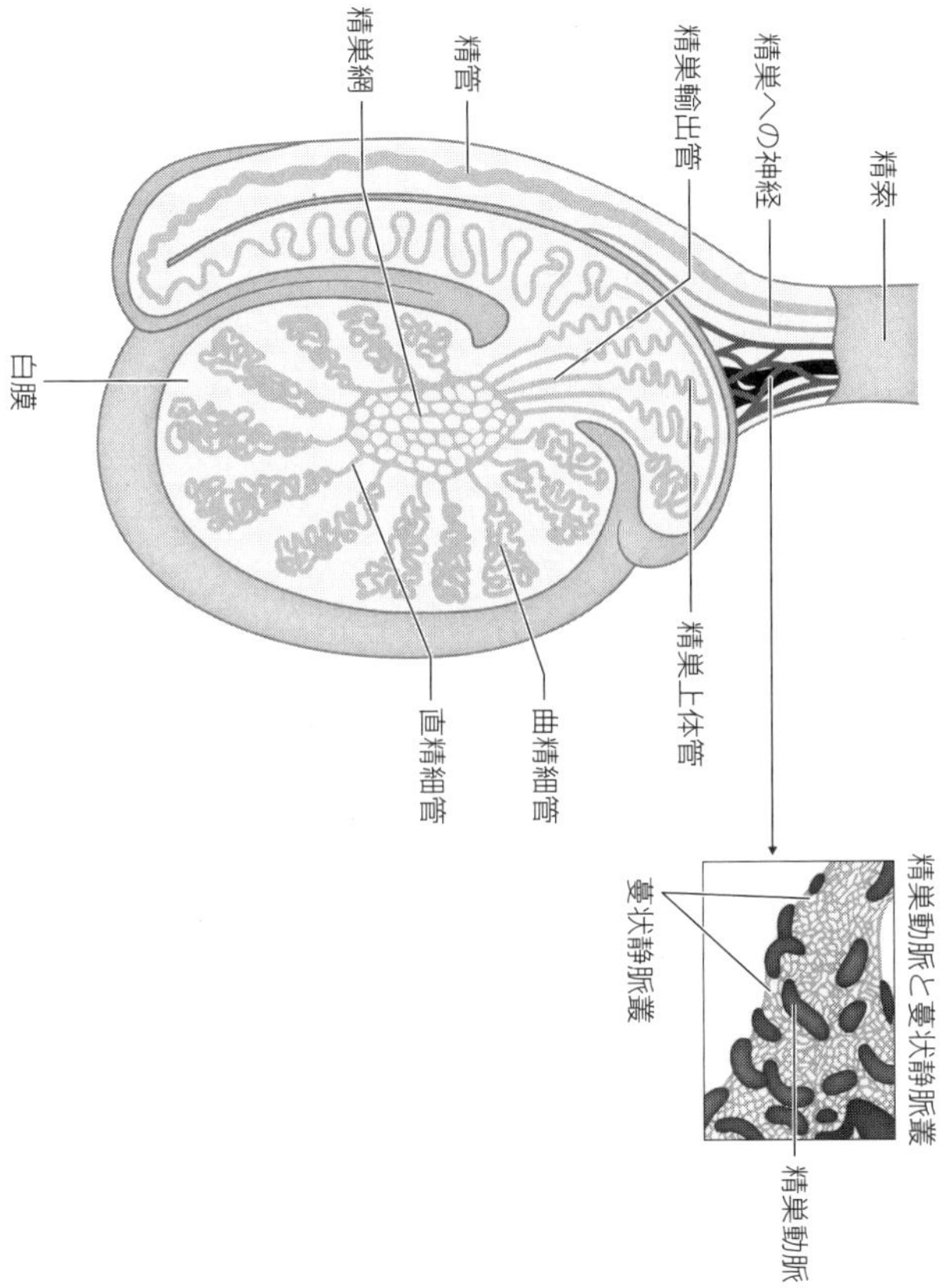
精索
精巣への神経
精巣輸出管
精管
精巣網
白膜
精巣上体管
曲精細管
直精細管
精巣動脈と蔓状静脈叢
蔓状静脈叢
精巣動脈

精巣の構造

④降りてくる精巣

先ほどから、「精子をつくる最適温度は体温よりも少し低いため、精巣は腹腔内ではなく陰嚢《いんのう》内にある」と何度か説明しておりますが、実は精巣は最初から陰嚢に収まっているわけではありません。ほとんどの哺乳類では、産まれる前後に精巣が腹腔内から陰嚢に移動します。この精巣の移動を「精巣下降《せいそうかこう》」と呼び、移動の途中で精巣が腹壁《ふくへき》を貫通するときのトンネルを「鼠径管《そけいかん》」と言います。

胎子において、移動する前の腹腔《ふくくう》内にある精巣には陰嚢まで伸びる精巣導帯《せいそうどうたい》と呼ばれるヒモ状の組織が付いています。この精巣導帯が精巣を陰嚢内に誘導します。しかし、精巣導帯には筋肉のような収縮する構造は明らかになっておらず、どのようなメカニズムで精巣導帯が精巣を陰嚢内に引っ張っているのかについては謎のままです。ここでは精巣下降の機序の一つの説をご紹介します。

まず、精巣下降は腹腔内での移動と、腹腔内から腹腔外への移動の二段階で起こると考えられています。最初の移動は、精巣が精巣導帯によって腹腔内の背側（上側）に固定されている状態にあるなか、体が成長して前後に伸びるにつれ、精巣が移動していないにもかかわらず、見た目のうえで尾側（お尻の方）に移動しているように見えるために起こる

精巣下降の機序

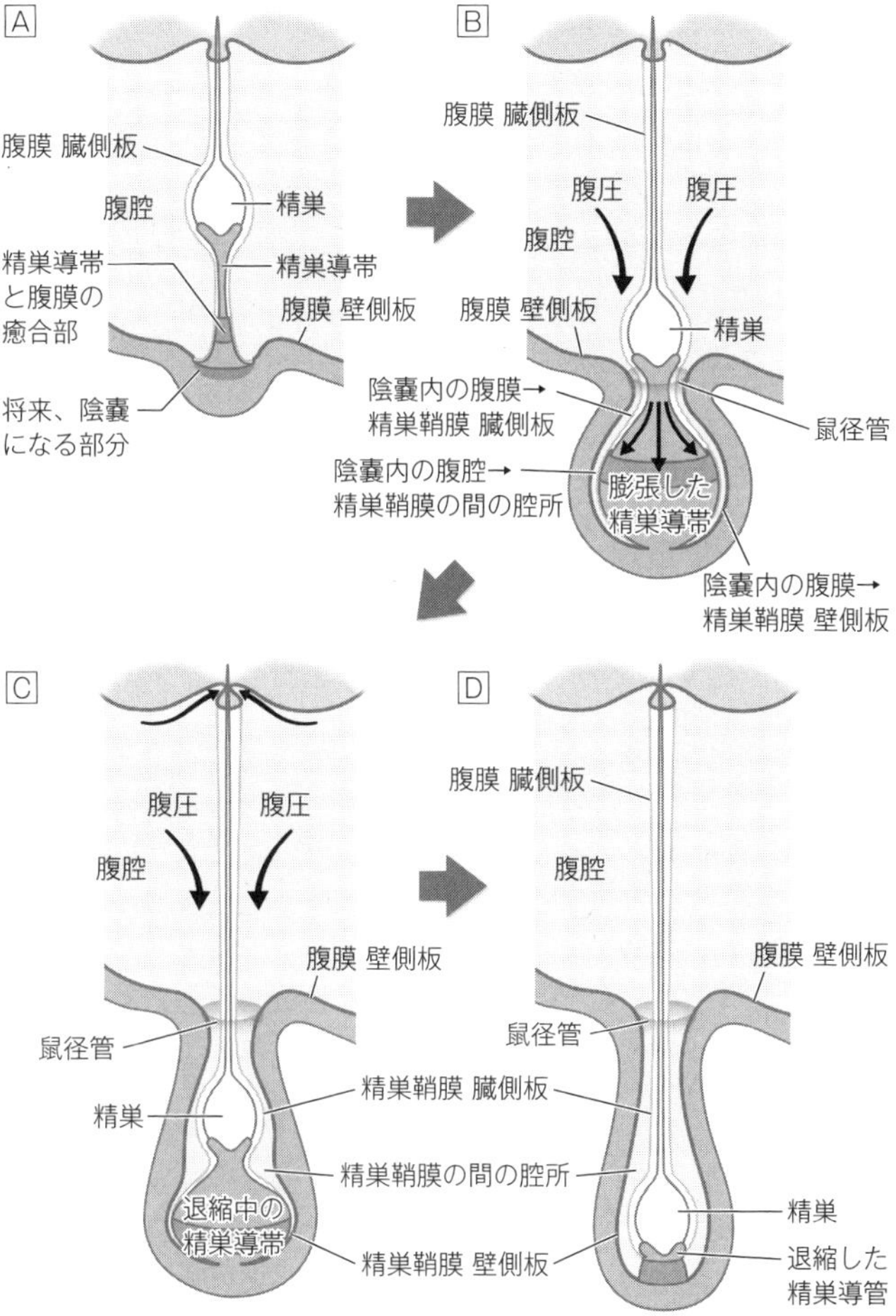
A
腹膜 臓側板
腹腔
精巣
精巣導帯と腹膜の癒合部
精巣導帯
腹膜 壁側板
将来、陰嚢になる部分
B
腹膜 臓側板
腹圧
腹圧
腹腔
腹膜 壁側板
精巣
陰嚢内の腹膜→精巣鞘膜 臓側板
鼠径管
陰嚢内の腹腔→精巣鞘膜の間の腔所
膨張した精巣導帯
陰嚢内の腹膜→精巣鞘膜 壁側板
C
腹圧
腹圧
腹腔
腹膜 壁側板
鼠径管
精巣
精巣鞘膜 臓側板
精巣鞘膜の間の腔所
退縮中の精巣導帯
精巣鞘膜 壁側板
D
腹膜 臓側板
腹腔
腹膜 壁側板
鼠径管
精巣
退縮した精巣導管

と考えられています。次の段階、腹腔内から腹腔外への移動は、陰囊内にある精巣導帯が膨張することにより、腹壁にある鼠径管を拡張させ、さらに腸などが形づくられるにつれて上昇する腹圧が精巣や精巣導帯を陰囊側に押すことにより、精巣が鼠径管を通って陰囊内に入り込むと考えられています。

精巣下降の際には、精巣につながっている精管《せいかん》、血管、神経だけでなく、それらを包む膜も一緒に陰囊内に侵入します。腹腔内に存在している精巣は、胃や腸などと同様に腹膜《ふくまく》と呼ばれる薄い膜で覆われています。精巣が鼠径管を通る際には、この精巣の表面を覆っている腹膜（臓側板《ぞうそくばん》）と、腹壁の内側を裏打ちしている腹膜（壁側板《へきそくばん》）と一緒に陰囊内に移動してきます。これが陰囊に二重の腹膜がある理由です。腹膜は表面が湿っている滑らかな膜で、腹腔内では隣り合う臓器同士が摩擦《まさつ》なくスムーズに動くことを助けています。一般的には皮膚の下の構造は大きく動くことはありませんが、精巣は比較的陰囊内でよく動いており、この可動性に膜の存在が一役買っています。

このように陰囊内は鼠径管を介して腹腔内とつながっていますが、この連続性が思わぬ事態を招くことがあります。精巣下降が終了すると、腹壁に開いていた鼠径管は精巣につながる精管、血管、神経などが通れる最小限のスペースのみを残す細い管となります。しかし、この鼠径管が大きく開いたままであると、大きな腹圧がかかった際に腸などの腹腔内にあるべき臓器が鼠径管を通って陰嚢内に入り込んでしまう場合があります。このような状態を鼠径《そけい》ヘルニアと呼んでいます。オスの鼠径ヘルニアはそれほど一般的ではありませんが、豚では二〇〇頭に一頭ぐらいの割合で認められるという報告もあります。逆に、陰嚢を持たないメスでも、特に犬ではほかの動物に比べて鼠径ヘルニアになりやすいと考えられています。これはどうしてでしょうか？　オスもメスも胎子のある段階までは両方の生殖器、すなわち精巣と卵巣の元になる組織が存在しています。これらの組織は胎子が成長するにつれ、オスになるのであればメスの組織が退行し、逆にメスになるのであればオスの組織が退行します。このため、一般的なメスには鼠径管はありますが、開いていることはありません。当然ながらメス犬には精巣を収める陰嚢はありませんが、実はオスと同じ場所の皮下に、腹膜がその鼠径管を通って腹腔外に出て、小さな袋をつくっている部分があります。この袋には脂肪が入っていて、加齢に伴い脂肪が増えてくると鼠径管も大きくなるため、腸が入り込みやすくなり、メスでも鼠径ヘルニアになる場合があると考えられています。

⑤精巣の血管系にみる温度管理システム

　少し脱線してしまいましたが、これまでお話ししてきた精巣《せいそう》下降《かこう》は、精巣を腹腔《ふくくう》内の暖かい環境から腹腔外の比較的涼しい環境に移動させるという、正常な精子をつくるための大切なイベントです。実際に精巣の温度は腹腔内の温度よりも三〜七度ほど低いと言われていますが、外気によって直接精巣が冷やされているだけでこの温度差が生まれているわけではありません。これには精巣につながる血管が重要な役割を果たしています。

　精巣が陰嚢《いんのう》内にあることにより、精巣だけではなく精巣を流れている血液も冷やされます。すなわち、精巣に向かってくる動脈を流

蔓状静脈叢による対向流熱交換システム

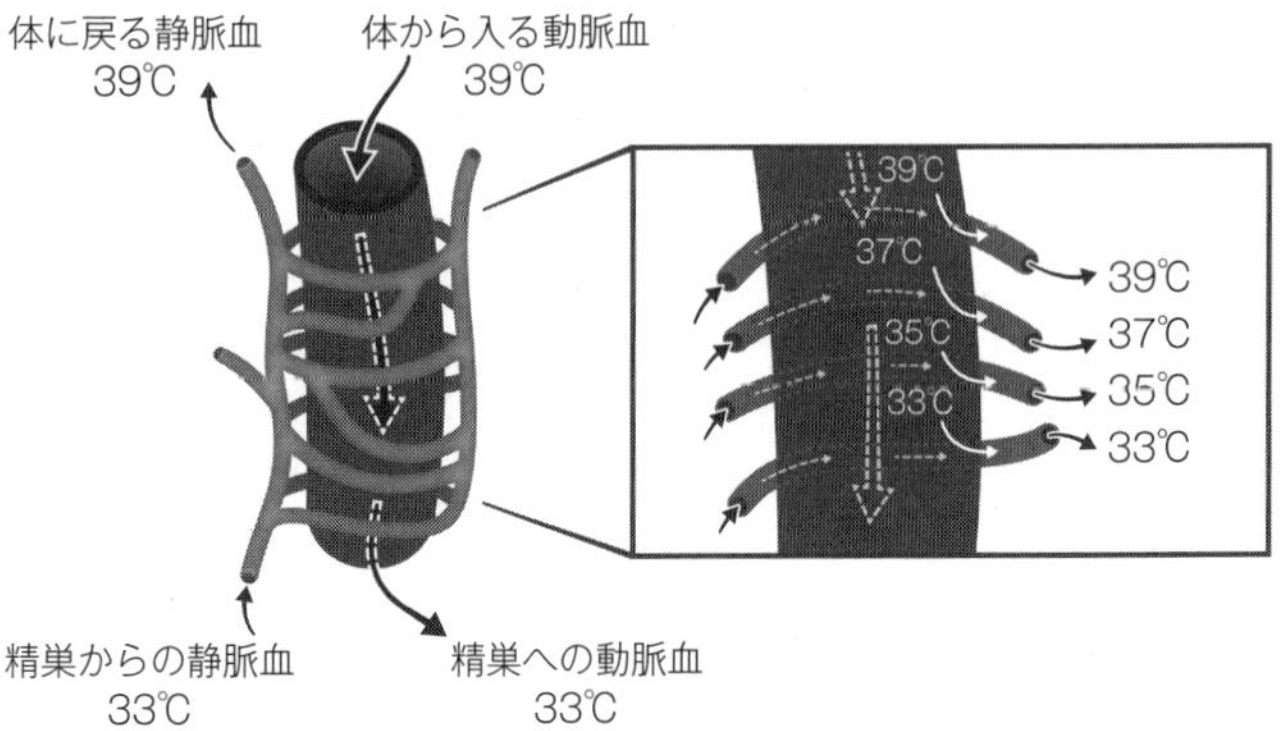

れている血液の温度よりも、精巣から心臓に戻っていく静脈を流れる血液の温度の方が低くなります。私たち人間を含めた多くの哺乳類は、この動脈と静脈の温度差を利用して精巣を冷やしています。すなわち、鼠径管《そけいかん》を通って精巣に向かう腹腔からの暖かい動脈の血液は、その動脈に隣り合う静脈によって冷やされます。さらに動脈と静脈の血流の向きが逆方のため、同じ方向に流れる場合よりも効率的なつくり（**対向流熱交換システム**[注2]）になっています。また、精巣に向かう動脈は蛇行していて、できるだけ静脈と接する時間を長く保とうとしています。一方で静脈は動脈にまとわり付くように細く分岐しており、蔓《つる》状静脈叢《じょうじょうみゃくそう》と呼ばれる特徴的な形状をしています。このような動脈、静脈の特殊化によって、さらに対向流熱交換システムの効率が高められているのです。

⑥動物種による精巣・陰嚢《いんのう》の違い

精巣下降《せいそうかこう》がいつごろ起こるかは、動物種ごとにだいたい決まっています。牛では妊娠中期と比較的早い段階で精巣下降が起こり、豚では妊娠末期から出生後まもなく、馬では出生直後から生後数週間で起こります。犬と猫は精巣下降が遅く、一般的には出生時にはまだ腹腔《ふくくう》と陰嚢《いんのう》の境界のトンネルである鼠径管《そけいかん》付近に精巣が存在していて、生後一ヶ月ぐらいでやっと陰嚢内に移動します。このため、犬や猫の赤ちゃんの陰嚢内に精巣がなくても焦る必要はありません。時折、正常では陰嚢内に移動してくる精巣が腹腔内に取り残されている場合があります。これを「潜在精巣《せんざいせいそう》」もしくは「陰睾《いんこう》」と呼びます。多くの哺乳類において正常に精子をつくるためには腹腔内の温度よりも低い環境が必要だと説明してきましたが、潜在精巣は二つある精巣の片側だけであれば逆側の陰嚢内にある精巣で精子をつくることができます。しかし、両側性の場合は無精子症《むせいししょう》になってしまいます。一方、性ホルモンは温度の高い精巣内でも産生されるため、オスの**二次性徴**《にじせいちょう》[注3]や発情には大きな変化はありません。なお、潜在精巣を持つ人間や犬は、精巣腫瘍の発生率が高くなると言われています。犬などでは遺伝性疾患として扱われ、潜在精巣を正常な位置に戻すことはできませんので、若いうちに手術で腹腔内や鼠径部《そけいぶ》にある精巣を摘出することが奨められています。

また、精巣の移動が起こった後の位置も動物種によって様々です。牛、山羊、羊の精巣は陰嚢内で縦に収まっていて、後ろ足の内側に、ほかの動物と比べて体から少し離れた場所に陰嚢がぶら下がっています。馬や犬では精巣が陰嚢内で横に収まっていて、陰嚢は後肢の付け根の内側に見られます。豚や猫では精巣が陰嚢内で横から斜めに収まっていて、陰嚢は後肢の付け根の後方、肛門の下に見られます。

また、精巣の大きさを体重に対する精巣の重さの割合でみると、犬、猫、牛、馬は〇・〇三〜〇・一パーセント、山羊は〇・三五パーセントであるのに対して、豚は〇・三五〜〇・四五パーセントと比較的大きな精巣を持っていることがわかります。野生のイノシシの精巣は体重の約〇・三パーセントですので、豚の大きな精巣はイノシシが家畜化される過程の中でさらに巨大化したと考えられています。ちなみに、ドブネズミの四・二六パーセントをはじめ、齧歯類《げっしるい》は比較的大きな精巣を持ちます。特にバッタネズミは七・二六パーセントと大きく、仮に人間と同じ体重にした場合、このネズミは人（〇・〇八パーセント）の約九〇倍の重さの精巣を持つことになります。

【注1】汗腺《かんせん》・脂腺《しせん》

汗腺は皮膚にある汗を分泌する腺で、エクリン腺とアポクリン腺がある。エクリン腺から出る汗は主に体温調節を目的とするサラサラしたもので、アポクリン腺から出る汗は体臭の原因となる臭いのあるネバネバしたものである。人間はエクリン腺が全身の皮膚に分布しているが、犬などではエクリン腺は肉球などの限られた部位にしか存在しない。脂腺は皮脂を分泌する腺で皮脂腺とも呼ばれ、大部分は毛包に存在する。

【注2】対向流熱交換《たいこうりゅうねつこうかん》システム

順行流の場合の動脈は、最初に最も冷えた状態にある静脈と接するので、動脈の温度の低下が勢いよく起こるかもしれないが、徐々に静脈も温められてしまうため、最終的な温度の低下は小さくなる。一方で、対向流の場合、動脈は最も冷えた状態にある静脈と最後に接することになるため、動脈は静脈と接している間、絶えず熱が奪われることになり、十分な距離が確保できる場合には、最終的な温度が順向流のときと比べて低くなる。

順行流熱交換システムと
対向流熱交換システム

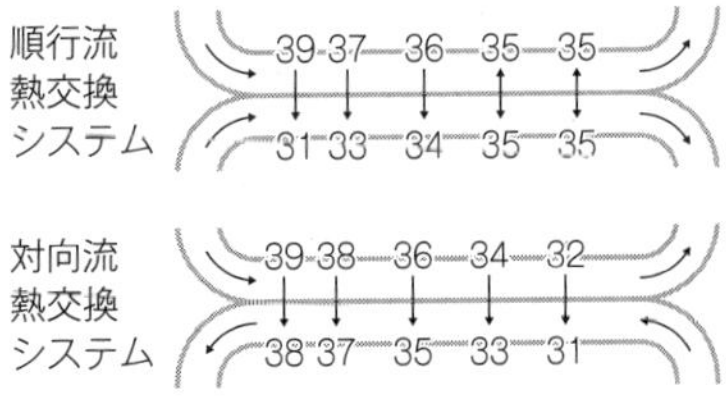

対向流熱交換システムの方が、血液を効果的に冷やすことができる

【注3】二次性徴《にじせいちょう》

雌雄異体の動物で、性を判別する基準となる形質を性徴と言う。生まれてすぐにわかる性器に見られる特徴を一次性徴と言うのに対して、成長に伴い生殖能力を得る段階で見られる、性器以外に身体的に雌雄の特徴が現れる現象を二次性徴と呼ぶ。

4 精液の液体成分をつくる副生殖腺《ふくせいしょくせん》

①精液には何が含まれているのか

性的興奮により勃起《ぼっき》したオスの陰茎《いんけい》（おちんちん）に、膣《ちつ》の物理的な刺激が加わると、射精《しゃせい》が起こります。射精によりオスの陰茎から射出される液体が精液です。精液は一般に不透明の灰白色《かいはくしょく》ないし乳白色《にゅうはくしょく》で、ほとんどが無臭ですが、動物種によっては特有の臭気を帯びることがあります。また、精液の量は動物の種類によって異なり、数ミリリットルのものから数百ミリリットルに達する動物もいます。

精液は精巣で生産された精子と、それ以外の液体が混ざり合ったもので、この液体の部分を精漿《せいしょう》と言います。すなわち、精漿の中を精子が泳いでいるのです。血液でいう血球《けっきゅう》と血漿《けっしょう》の関係と同じですね。精漿は主に前立腺《ぜんりつせん》、精嚢腺《せいのうせん》、尿道球腺《にょうどうきゅうせん》などの副生殖腺《ふくせいしょくせん》でつくられ、これに精巣上体《せいそうじょうたい》や精管《せいかん》でつくられた微量の分泌液が含まれています。精子一つあたりの大きさは五〇〜七〇マイクロメートル、精液一ミリリットルあたりの精子数は、多い動物でも三〇億くらいですから、精子そのものの容量はどの動物においても大きくありません。したがって、それぞれの動物種の精液量は、精漿の量に依存します。また、動物が持つ副生殖腺の種類、大きさ、その機能は動物種によって異なるため、精漿中に占める各副生殖腺液の割合も異なります。

　副生殖腺のうち前立腺と精嚢腺でつくられる分泌液が精漿の主体を構成しますが、犬が持つ副生殖腺は前立腺だけですので、犬の精漿のほとんどは前立腺でつくられます。また、第2章でも詳しく説明しますが、犬の射精は特徴的で、三つに区分されます。まず、第一分画《ぶんかく》として透明な前立腺液が射出されます。次いで、精子が多量に含まれている白色の第二分画が射出され、それが完了すると第三分画として再び透明な前立腺液が射出されます。豚においては尿道球腺からの分泌液の量が多く、これが豚の精液中に膠様物《こうようぶつ》（こちらも第2章で詳しく説明します）として存在します。一方、馬においては精嚢腺からの分泌液が多く、これはやはり馬の精液中の膠様物となります。このように動物の種類によって射精の起こり方、副生殖腺からの分泌液の量、分泌液の状態などに違いがあります。この違いは、それぞれの動物のメスの生殖器内で、精子が無事に卵子と出会うための物理的に重要な意味を持っています。また、精漿中には塩類、糖、蛋白質、脂質などが含まれますが、これらは精子の代謝に関与します。

②動物種により異なる副生殖腺《ふくせいしょくせん》の分布

精漿《せいしょう》を分泌し精液をつくる副生殖腺《ふくせいしょくせん》の分布は動物種間で大きく異なります。人間、牛、馬、豚には精管膨大部腺《せいかんぼうだいぶせん》、精嚢腺《せいのうせん》、前立腺《ぜんりつせん》そして尿道球腺《にょうどうきゅうせん》のすべての副生殖腺が存在します。一方、犬には精管膨大部腺と前立腺、猫には精管膨大部腺、そして前立腺および尿道球腺しかありません。

精管《せいかん》は精巣上体尾《せいそうじょうたいび》からはじまる一本の管状器官《かんじょうきかん》で、精索《せいさく》内を走行し、腹腔《ふくくう》に入ったあと、膀胱《ぼうこう》の背部を通って尿道《にょうどう》のはじめの部分にある精丘《せいきゅう》という盛り上がった部分で尿道につながります。牛や馬の精管はそこで開口する直前に精嚢腺の導管と一緒になり、射精管《しゃせいかん》をつくります。精管膨大部は、その名の通り精管の末端が膨らむ部分で、その粘膜には膨大部腺があります。豚と猫では精管の末端で明らかな膨大部をつくらないものの、膨大部に相当する部位には膨大部腺が存在します。**漿液**《しょうえき》注1を分泌する腺は複雑に分岐・吻合《ふんごう》しながら膨大部憩室《ぼうだいぶけいしつ》と呼ばれる多くの小室を形成し、導管を経ず直接精管の管腔につながります。

精嚢腺は尿道のはじめの部分の背側に左右一対認められ、その導管は牛と馬で精管と合流したのち精丘で尿道とつながり、豚では精丘近くで独立して尿道に連結します。牛、豚

家畜の副生殖腺の分布

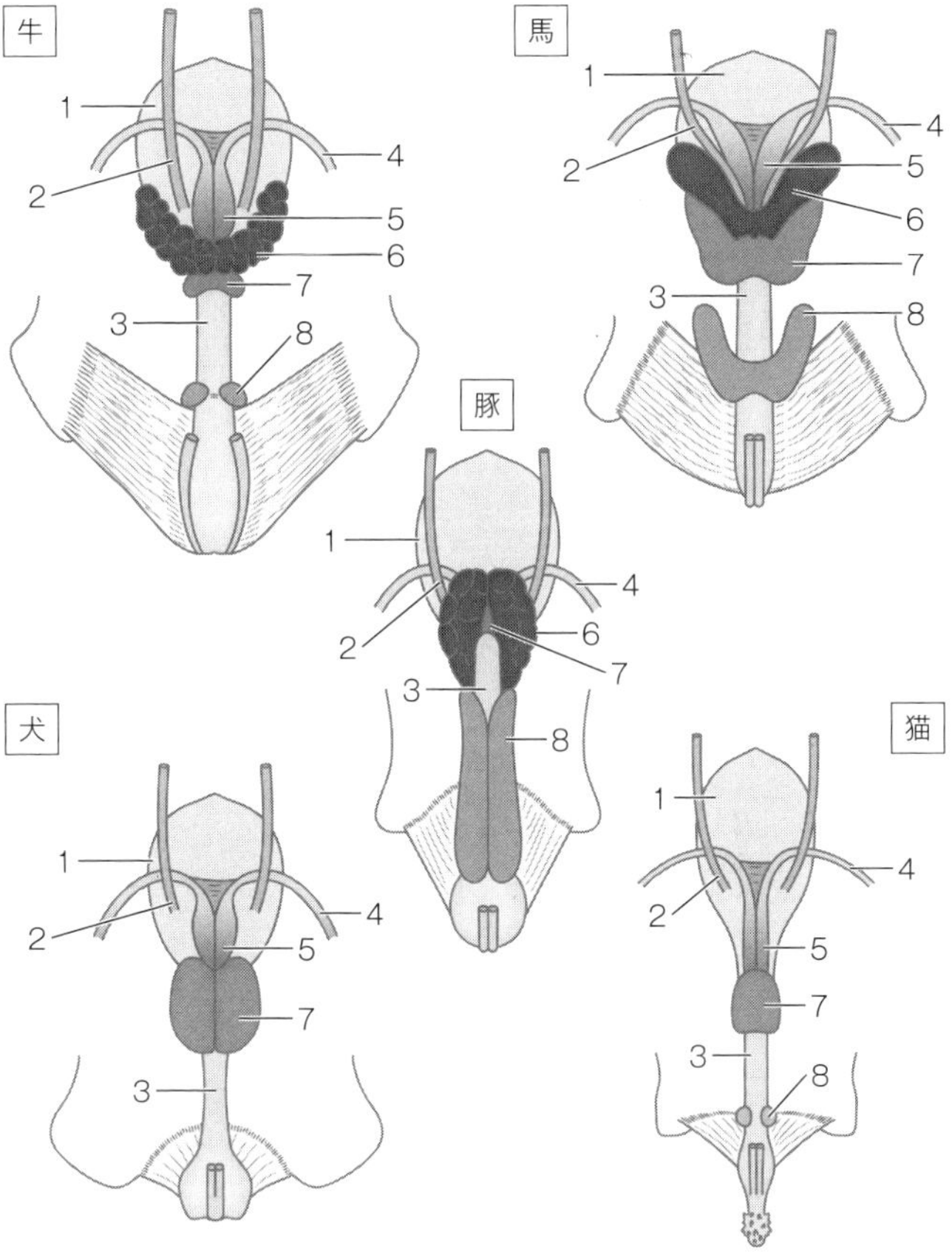

1：膀胱　2：尿管　3：尿道　4：精管　5：精管膨大部
6：精嚢腺　7：前立腺　8：尿道球腺

（図提供：北里大学大学院獣医学研究科　深沢英恵）

の精嚢腺は腺の表面が**分葉状**《ぶんようじょう》[注2]に分かれる充実した腺です。一方、馬では腺の表面が滑らかで、内腔を有する長い袋状を呈するため、一般に精嚢とも呼ばれます。豚の精嚢腺はとても大きく発達しています。腺からは**粘液**[注1]を分泌し、内部は平滑筋を含む結合組織《けつごうそしき》性の小さな柱により区画されています。

　前立腺は尿道のはじまりの部分から少し走った骨盤の中の部分に認められ、多数の導管が尿道の背壁《はいへき》に開口します。この前立腺は特に多くの動物で前立腺体《ぜんりつせんたい》と前立腺伝播部《ぜんりつせんでんぱぶ》の二つの部位からできています。前立腺体は尿道を取り囲んで栗の実のような充実した腺体をつくり、前立腺伝播部は尿道壁の中に散在する腺の部分を指します。これら二種類の前立腺がどのように分布しているかは動物種により若干の違いがあります。馬の前立腺は前立腺体しかありませんが、犬と猫では発達する前立腺体に加えて、あまり発達していない前立腺伝播部があります。反対に牛と豚の前立腺は主に前立腺伝播部が発達しており、前立腺体はあまり発達していません。腺の分泌物は基本的に漿液性ですが、牛では漿液と粘液が混合して産生される漿粘液性を示します。また、加齢などに伴い分泌物にはしばしば前《ぜん》立腺石《りっせんせき》が含まれます。

　尿道球腺は、尿道の骨盤腔の出口に近い背側に一対認められ、その導管は尿道背壁につながります。形と大きさに関しては牛でサクランボ程度、馬でクルミ大、猫は非常に小さく球形を呈します。一方、豚では尿道球腺は非常に大きく円筒状に発達しています。尿道球腺の分泌物は粘液性を示します。

③犬は年をとると無精液症になる

臓器の中でも、犬の前立腺《ぜんりつせん》は性成熟に達しても、年齢が進むにつれて大きくなる点が特異的といえます。前立腺肥大症《ぜんりつせんひだいしょう》という病気は人の男性にも起こるもので、もしかしたらほかの動物種と比べて、人と犬だけが特別なのかもしれません。人の前立腺肥大症の症状として尿道圧迫が起こることが多いのに対して、犬では直腸圧迫による排便困難《はいべんこんなん》やリボン状便を主訴《しゅそ》とします。オス犬の前立腺の重さは、一二歳では一歳時の約三倍になるとされ

犬の射精液量の年齢に伴う推移

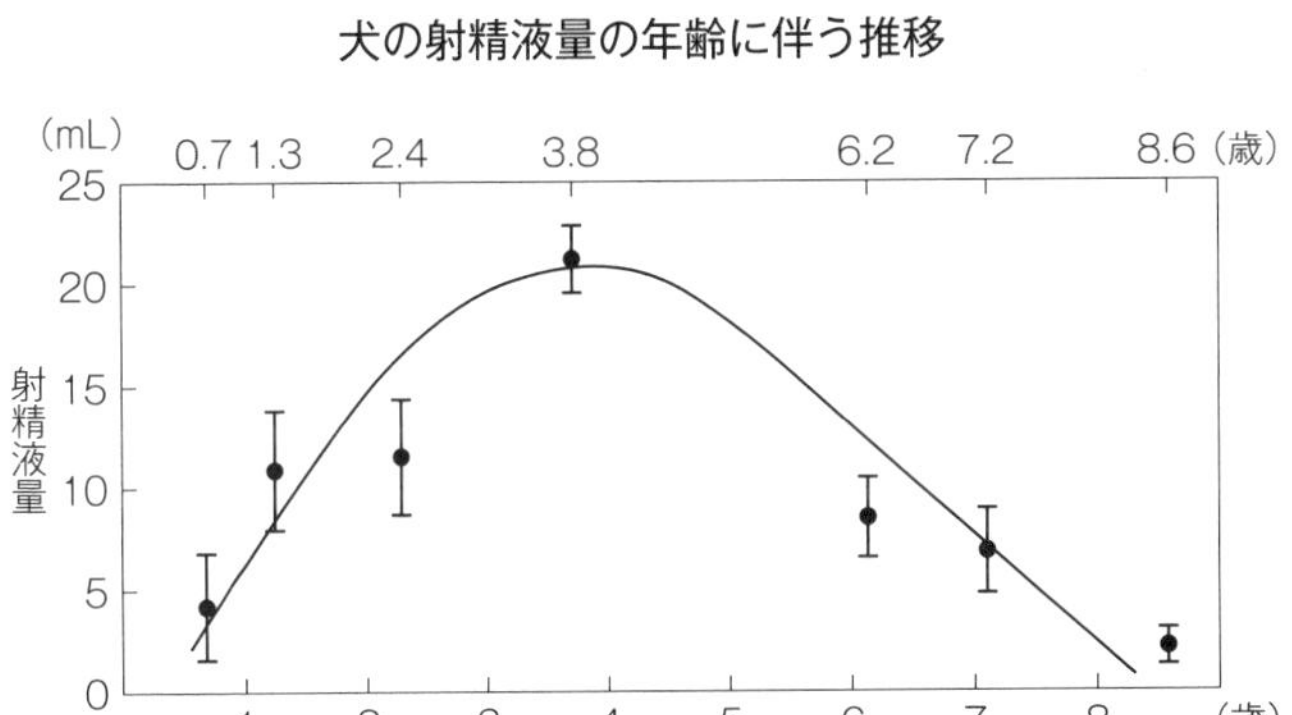

(Brendler, 1983)

ています。オス犬の精液量が最大に達するのは四～五歳齢です。精液量はその後徐々に減少し、大型犬では八～九歳で精液が枯渇《こかつ》する無精液症になる個体もいます。無精液症が起こる原因には強靭な前立腺被膜《ひまく》が関与しており、前立腺の腺組織や間質《かんしつ》が増殖すると血流量が減少して精液量も減少し、やがて枯渇すると説明されています。

無精液症に対する治療として、ビタミンE製剤や活性型ビタミンB12製剤などが試みられています。これらの薬剤は副作用が少ないという利点があり、椎間板ヘルニアなどの治療にも使われることがあります。

【注１】漿液《しょうえき》と粘液《ねんえき》

漿液腺《しょうえきせん》から分泌される酵素を主体とする蛋白質からなる粘性の低い液体を漿液と言う。対して、粘液腺《ねんえきせん》あるいは漿粘液腺から分泌される糖蛋白を主体とする粘性の高い液体を粘液と呼ぶ。

【注２】分葉状《ぶんようじょう》

表面が平滑でなく、結合組織により区分けされ、小葉状に分割される外貌的特徴のこと。

第2章

おちんちんの生理学

1 精子《せいし》の形成と精漿《せいしょう》の役割

①精子発生の過程

動物が子孫を残すには、オスの生殖子《せいしょくし》である精子と、メスの生殖子である卵子が合体（受精）しなければなりません。精子は精巣でつくられますが、産まれたその日から精子をつくることができるわけではなく、子供から大人に成長する中で性的にも成熟していくのです。

さて、動物が性成熟期に近づくと、いよいよ精子がつくられはじめます。まず、それまでじっとしていたA型精祖細胞《せいそさいぼう》が分裂し、二個のA型精祖細胞に分かれます。二個に分裂したA型精祖細胞のうち、一方だけが再び分裂し二個のA_2型精祖細胞になりますが、もう一方のA型精祖細胞は分裂せず、しばらくそのまま停止しています。二個に分裂した方のA_2型精祖細胞がさらに分裂して四個の中間型精祖細胞になり、さらに分裂して八個のB型精祖細胞に、さらに分裂して一六個の一次精母細胞《せいぼさいぼう》になります。この一次精母細胞は再び分裂するのですが、このときの分裂は**減数分裂**《げんすうぶんれつ》[注1]と言われ、それまで2nであった染《せん》

精子の形成過程

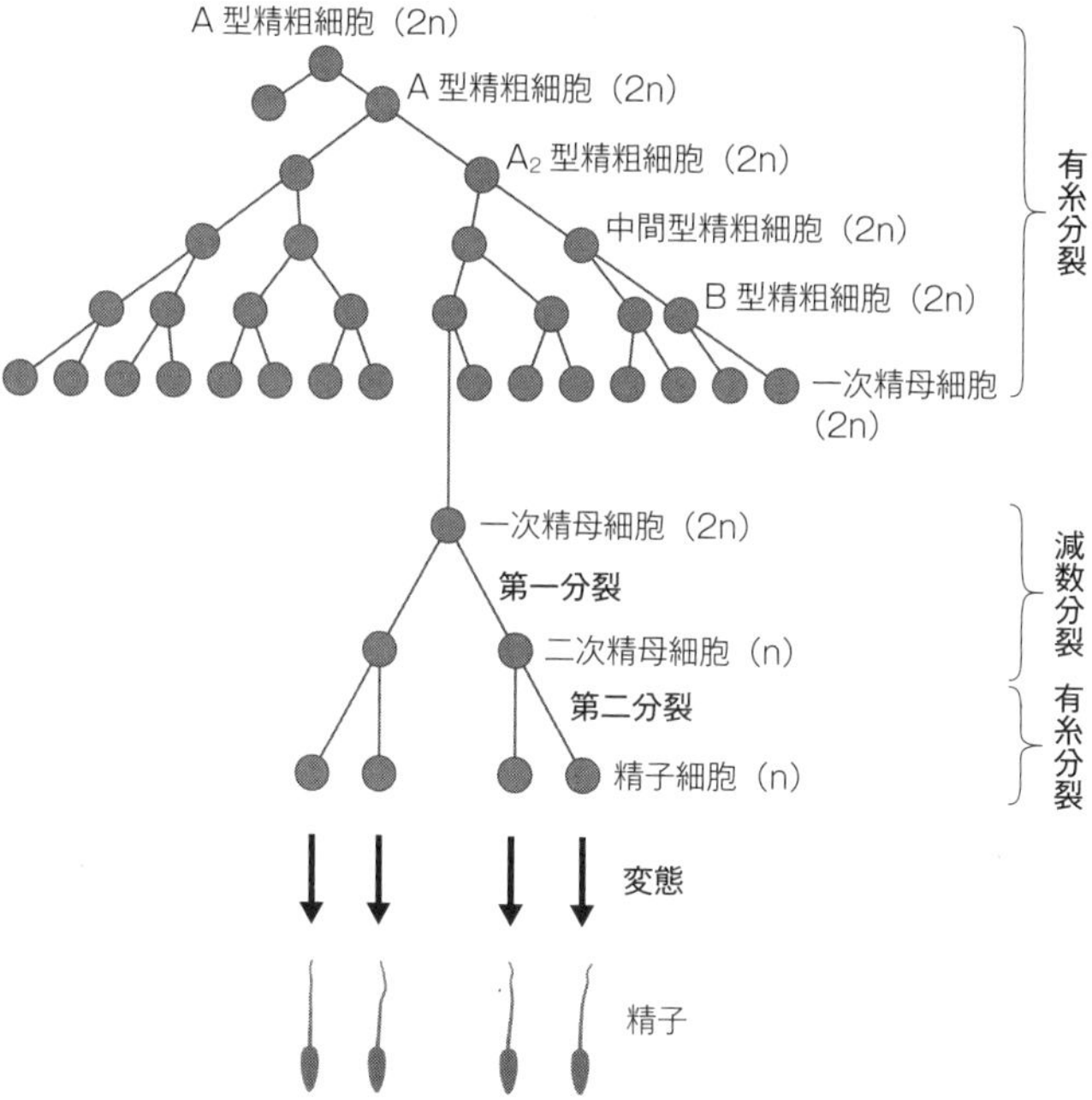
A 型精粗細胞（2n）
A 型精粗細胞（2n）
A2 型精粗細胞（2n）
中間型精粗細胞（2n）
B 型精粗細胞（2n）
一次精母細胞（2n）
有糸分裂
一次精母細胞（2n）
第一分裂
二次精母細胞（n）
第二分裂
精子細胞（n）
減数分裂
有糸分裂
変態
精子

色体《しょくたい》数が半分のnとなり、三二個の二次精母細胞になります。その結果、一六個のX性染色体を持つ二次精母細胞と、一六個のY性染色体を持つ二次精母細胞に分かれます。次いで、この二次精母細胞が通常の**有糸分裂**《ゆうしぶんれつ》[注1]を行い、六四個の精子細胞となり、X性染色体を持つ精子細胞とY性染色体を持つ精子細胞が三二個ずつできあがります。

最初の分裂によってできたA型精祖細胞から精子細胞になるまでの過程では、それぞれの細胞は互いに**細胞間橋**《さいぼうかんきょう》[注2]と呼ばれる構造物によって連絡されており、分裂は完全に**同**《どう》**期化**《きか》[注3]されています。精子細胞はやがて大きく形を変え、尾の生えたオタマジャクシのような形になります。この過程を精子形成と言います。

曲精細管から基底膜までの構造

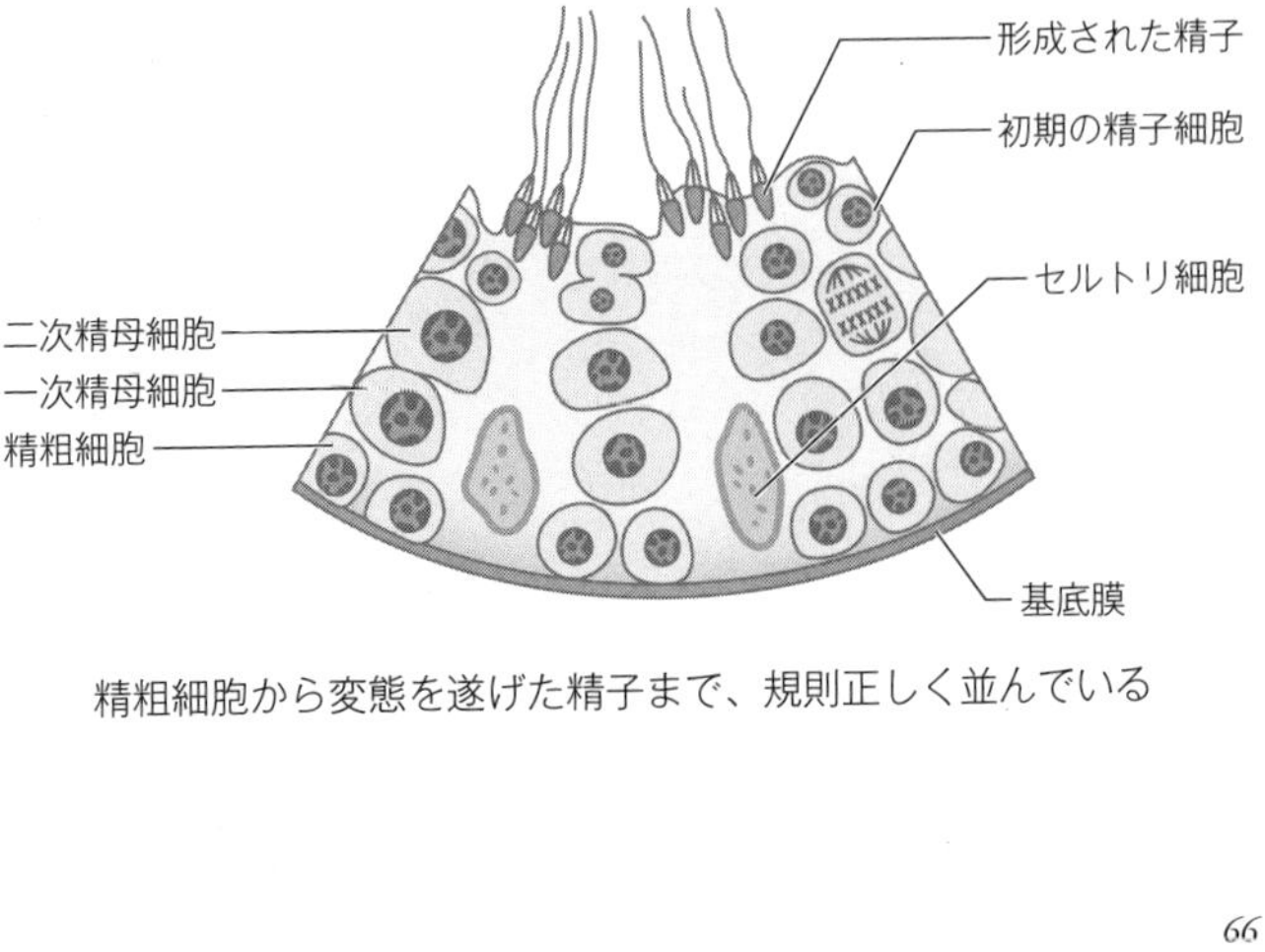

精粗細胞から変態を遂げた精子まで、規則正しく並んでいる

一方、最初のA型精祖細胞の分裂後に停止していたもう一方のA型精祖細胞は、一〇日ほど後に分裂を開始し、二個のA型精祖細胞になります。このうちの一方は再び分裂し二個のA^{2}型精祖細胞になり、やがて精子になりますが、もう一方のA型精祖細胞はまた次の分裂まで停止しています。このように精子は永続的につくり続けられます。精子になる細胞の分裂は曲精細管《きょくせいさいかん》の基底膜《きていまく》から曲精細管の中心部に向かって順に進むので、A型精祖細胞から**変態**《へんたい》注4を遂げた精子までが、基底膜から曲精細管の中心部に向かって規則正しく並んでいます。

②精子の成熟

変態《へんたい》により精子《せいし》細胞は頭（頭部《とうぶ》）、首（頸部《けいぶ》）、しっぽ（尾部《びぶ》）を持つ精子になります。頭部はほとんどが核で占められていますが、前方の三分の二は外膜《がいまく》と内膜《ないまく》という二重の膜でできた先体帽《せんたいぼう》と呼ばれる帽子のようなものを被っています。この先体帽の中には卵子への進入時に必要なヒアルロニダーゼやアクロシンといった酵素が含まれています。尾部は大きく中片部《ちゅうへんぶ》と尾の主部《しゅぶ》に分けられます。中片部は数十個のミトコンドリアによって取り囲まれており、このミトコンドリアは精子が運動するためのエネルギーの供給源となりま

精子の構造

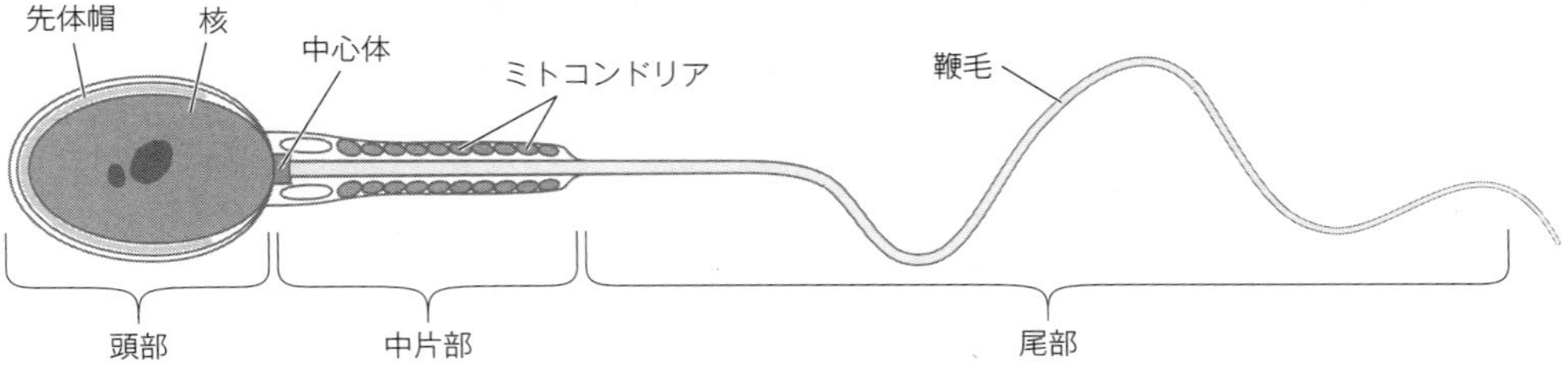

す。このエネルギーを利用して、尾の主部を活発に動かし、精子は前進運動を行います。
精子細胞はセルトリ細胞（支持細胞）についた状態で変態を遂げ精子となりますが、実はこの段階の精子はまだ未熟で、自ら前進運動をすることはできません。この未熟な精子はやがてセルトリ細胞から離れて曲精細管内腔《きょくせいさいかんないくう》に遊離し、直精細管《ちょくせいさいかん》、精巣網《せいそうもう》、精巣輸出《せいそうゆしゅつ》管《かん》、精巣上体頭部《せいそうじょうたいとうぶ》、精巣上体体部《せいそうじょうたいたいぶ》を通り、精巣上体尾部《せいそうじょうたいびぶ》に達し、ここで射精まで待機します。この間に精子は成熟し、精巣上体尾部で待機しながら運動する能力を獲得します。

このように精子は精巣内を充満している曲精細管でつくられますが、曲精細管と曲精細管の間には間質細胞《かんしつさいぼう》（間細胞またはライディッヒ細胞）という細胞が存在します。性成熟期が近づくとこの間質細胞では雄性《ゆうせい》（男性）ホルモンが生産されるようになり、この雄性ホルモンが精祖細胞《せいそさいぼう》の分裂を刺激し、精子の形成がはじまります。また、この雄性ホルモンの作用により、精巣を持つオスがオスらしくなり、メスへの興味が増してきます。その結果、交尾行動が導かれますが、そのときまでには精子もできあがっており、交尾によってメスの生殖器に精子が注ぎ込まれるのです。

③精漿《せいしょう》の特殊な役割

精液と聞くと少し粘度のある液体を思い浮かべる方が多いと思いますが、その性状は精《せい》漿《しょう》の成分によって大きく異なります。馬や豚といった精液量（精漿量）が多い動物の精液は非常にさらさらしています。このようにさらさらした大量の液体が子宮の中に入って行くわけですから、ほかの動物に比べると精液の漏れの危険性が非常に高くなります。そこで、メスの体からの精液の漏れを防ぐために、馬や豚の精液中には栓の役割を持つ膠様《こうよう》物《ぶつ》が入っています。

繁殖期の馬から得られた精液中には、精嚢《せいのう》腺《せん》から分泌された膠様物が平均六〇ミリリットルほど混ざっており、乳白色半透明で、き

豚の膠様物

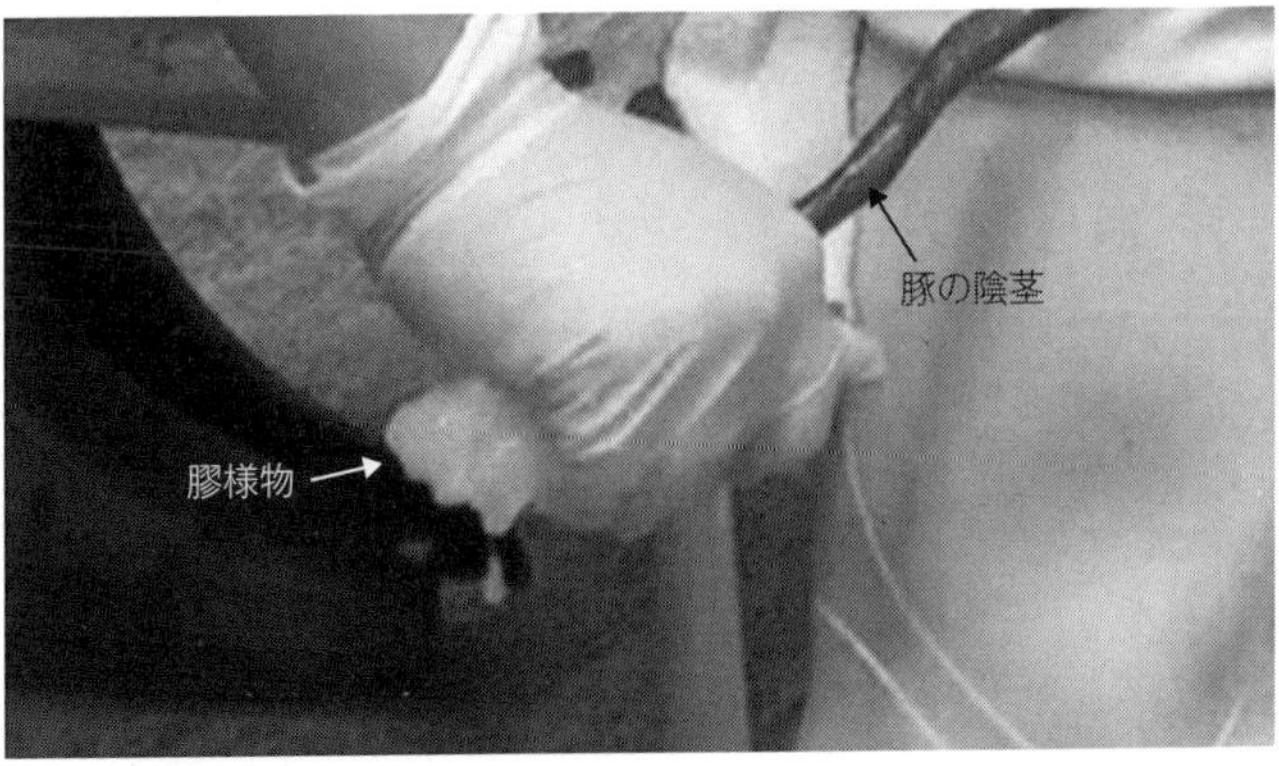

わめて濃厚なゼラチン状をなしています。しかし、この膠様物は、非繁殖期における馬の精液中にはほとんど認められません。また、豚の精液中には約三〇パーセントの膠様物が含まれますが、これは一見ザクロの実状の小塊または寒天状をなしています。この膠様物は尿道球腺《にょうどうきゅうせん》由来であり、そこに精嚢腺から分泌されたある種の蛋白質が加わることによって膠様化します。この膠様物は、時間が経つと水分を吸って著しく膨大し、半透明のゼリー状となり、二〜三倍の大きさにもなると報告されています。

人の精液は動物のそれとは性状が大きく異なります。人の精液は射精直後はゼリー状ですが、徐々に液状化していくという特徴があり、これも精漿成分によるものです。人では射精の際、精嚢腺からの分泌物であるポリペプチドと亜鉛イオンが二硫化結合を形成し凝固体をつくり、精子はそこにからめとられて運動が抑制された状態となっています。しかし、射精後数分経つと、前立腺《ぜんりつせん》から分泌された酵素（前立腺特異抗原）がゼリー化成分であるポリペプチドを分解しはじめることで、次第に凝固体の液状化がはじまり、精子が運動をはじめ、活性化されていきます。

このように、精漿はどんな動物であっても、精子の最終目標である「受精する」ことを、直接的かつ間接的にサポートする、大切なものなのです。

④一回の射精で出る精液量や精子数の違い

一回に射精される精液の量および精子の数は、動物種により大きな差があります。かといって、体が大きければ精液量が多いというわけではありません。精液の量は精漿の量に依存しており、精液量が多い馬や豚では、ほかの動物に比べて交尾時間が長いという特徴があります。具体的には、牛の交尾時間が数秒であるのに対し、馬は平均四〇秒、豚は平均六分（長い場合には二〇分！）と報告されています。なお、犬の精液量は平均一〇ミリリットルと少ないにもかかわらず、一回の交尾には時間をかけています。その理由は、犬の特徴的な交尾行動にあります。通常の動物の交尾では、メスの背後からオスが乗っかり、そのまま陰茎《いんけい》を膣《ちつ》に挿入し、射精します。しかし犬では、メスに乗っかり陰茎を挿入した後、そのままメスとオスのお尻が合わさるような体勢にして交尾を行います。メスに乗っか

各動物における射精精液と1回の交尾にかかる時間の基準値

	牛	馬	豚	犬	猫
1回の射精精液量（平均）	5 mL	80 mL	250 mL	10 mL	0.04 mL
1回の射精精液中の精子濃度（平均）	10億/mL	2.5億/mL	2.0億/mL	0.5億/mL	17億/mL
1回の射精精液中の精子数（平均）	70億	100億	400億	7.5億	0.6億
1回の交尾にかかる時間	3～5秒	20～90秒	5～20分	10～45分	6～10秒

り、陰茎を挿入する時間や、一度降りて向きを変える時間はそれぞれ数秒と非常に短いのですが、お尻が合わさる体勢になってからが非常に長いというわけです。こうした犬の交尾行動については、後の「交尾」の節で詳しく説明します。

⑤精液に影響を及ぼす因子

これまで動物種による一般的な精液の違いについて説明をしてきましたが、精液は何らかの影響で性状が変わってしまい、繁殖に影響を及ぼすことが知られています。ここでは、精液性状に影響を及ぼす因子について勉強してみましょう。

まず、年齢は明らかに精液性状に影響を及ぼすことが知られています。特に牛や豚などの**産業動物**《さんぎょうどうぶつ》[注5]においては、精液の状態が最もよい時期に繁殖用オスとして働いてもらうためには、若すぎても年寄りすぎても問題となってしまいます。では、具体的にいつから動物は「よい精液」をつくるようになれるかというと、牛では生後一五～二〇ヶ月、馬では三～四歳、豚では生後一〇ヶ月、犬では生後一〇～一二ヶ月、猫では生後九ヶ月くらいからと報告されています。その後、しばらくはよい精液をつくり続けますが、老齢になってくると精子数の低下や奇形精子数の増加など、性状が悪化してくることが知られています。

射精頻度も精液量や精子数などの精液性状に影響することがよく知られており、頻回の射精は性状を明らかに悪化させます。連続射精の影響は、特に一回の射精精液量の多い馬や豚で大きいと考えられています。そのため、射精の一日の回数と間隔として、牛では一日二回で二〜四日間隔、豚では一日一回で三〜四日間隔、犬では一日一回で五日間隔、猫では一日一回で三〜五日間隔が推奨されています。また、馬では一日一〜二回で週一〜二回の休息をとりながらの射精が推奨されてはいますが、交尾はメスの発情が来ている繁殖シーズンに限られるため（こちらも「交尾」の節で詳しく説明します）、人気のオス馬では連日共用もやむを得ず、休みがもらえないという事情もあります。

また、それぞれの動物の栄養状態も精液性状に大きく影響します。成長時に栄養が足りていないと、成熟が遅れるためよい精液がとれる年齢が遅くなってしまい、さらに精子をつくる能力も低くなると言われています。反対に、栄養が足りすぎている肥満の動物でも精液性状が悪化してしまいます。また、精液性状の問題だけではなく、肥満のオスではメスへの興味や乗駕欲《じょうがよく》注6が薄れてしまうことや、体重が重いがゆえに交尾の際に足の怪我をしやすいという問題もあるため、適正な体重管理をすることが重要とされています。

さらに、季節（環境温度）も精液性状に影響を及ぼす代表的な因子として知られています。繁殖の時期が一年のある時期だけに限られる動物（馬、羊、山羊、猫など）では、非繁殖シーズンでも交尾や射精は可能であるものの、精液量や精子数は繁殖シーズンに比べて明らかに低下してしまいます。一方、年中交尾が可能な牛や豚などの動物では、暑さに弱いため、夏から秋口にかけて精液性状が悪化してしまうことが知られています。特に、希釈した精液を冷蔵保存し、数日以内に使い切るという手法を用いている豚の生産現場については、この時期のオス豚および精液の管理には注意しなくてはなりません。

【注1】有糸分裂《ゆうしぶんれつ》・減数分裂《げんすうぶんれつ》

細胞の分裂様式。一つの細胞が二つに分かれるときに、分裂前に染色体数が複製され二倍になるものを有糸分裂と言う。この場合、細胞分裂後につくられた二つの細胞は、分裂前と同じ数の染色体を持つ。減数分裂は精子や卵子のような配偶子が形成されるときに行われるもので、有糸分裂のように分裂前に染色体数は増えず、分裂後は染色体数が半減する。

【注2】細胞間橋《さいぼうかんきょう》

精細胞の分裂においては、個々の細胞は完全には分離せず、細い橋で互いにつながっている。この橋を細胞間橋と言い、これを通して細胞間で情報を交換し合い、同じサイクルで細胞分裂を繰り返す。

【注3】同期化《どうきか》

工程が同時に起こること。牛や豚の生産現場では、繁殖効率をあげるためにホルモン剤を使用して発情や排卵の時期を同期化する処置が行われることがある。

【注4】変態《へんたい》

生物学用語では、成育過程において形を変えることを言う。昆虫の変態の形式は、幼虫からさなぎを経ずに直接成虫に変態する不完全変態と、さなぎを経て成虫に変態する完全変態に分けられる。

【注5】産業動物《さんぎょうどうぶつ》

その飼育が畜主の経済行為として行われる動物の総称。経済動物、生産動物、家畜、家禽（鳥のみを示す場合）とも言う。

【注6】乗駕欲《じょうがよく》

オスがメスに乗りかかろうとする欲求。交尾欲とも言う。

2 勃起《ぼっき》と射精《しゃせい》のメカニズム

①直接刺激と間接刺激による勃起《ぼっき》方式

勃起《ぼっき》は反射性勃起《はんしゃせいぼっき》と中枢性勃起《ちゅうすうせいぼっき》に分けられます。反射性勃起は、生殖器への物理的な刺激により、脳を介さずに仙髄《せんずい》の勃起《ぼっき》中枢《ちゅうすう》を通じて、陰茎《いんけい》（おちんちん）の海綿体《かいめんたい》血流量を増加させることで起こります。一方で、中枢性勃起は、視覚《しかく》や聴覚《ちょうかく》による性的刺激が、中枢神経系の大脳皮質を経由して仙髄の勃起中枢に伝わり起こるものです。大脳皮質は精神的、肉体的状況に応じて性刺激情報を制御しており、**視床下部**《ししょうかぶ》[注1]からのホルモン産生量も影響を受けます。動物においては性フェロモンによる中枢性勃起が重要な役割を果たすと思われます。

勃起は、陰茎の海綿体に血液が保持されて一定の硬さを保つことで得られます。勃起は発情期のメスの存在を五感で感じることによりはじまりますが、特にメスの許容体勢《きょようたいせい》や性フェロモンの刺激により性的興奮が一気に高まります。性行動を起こすためには身体の危険や不安のない副交感神経《ふくこうかんしんけい》優位の状態にある必要があります。性的刺激により副交感神経

反射性勃起と中枢性勃起

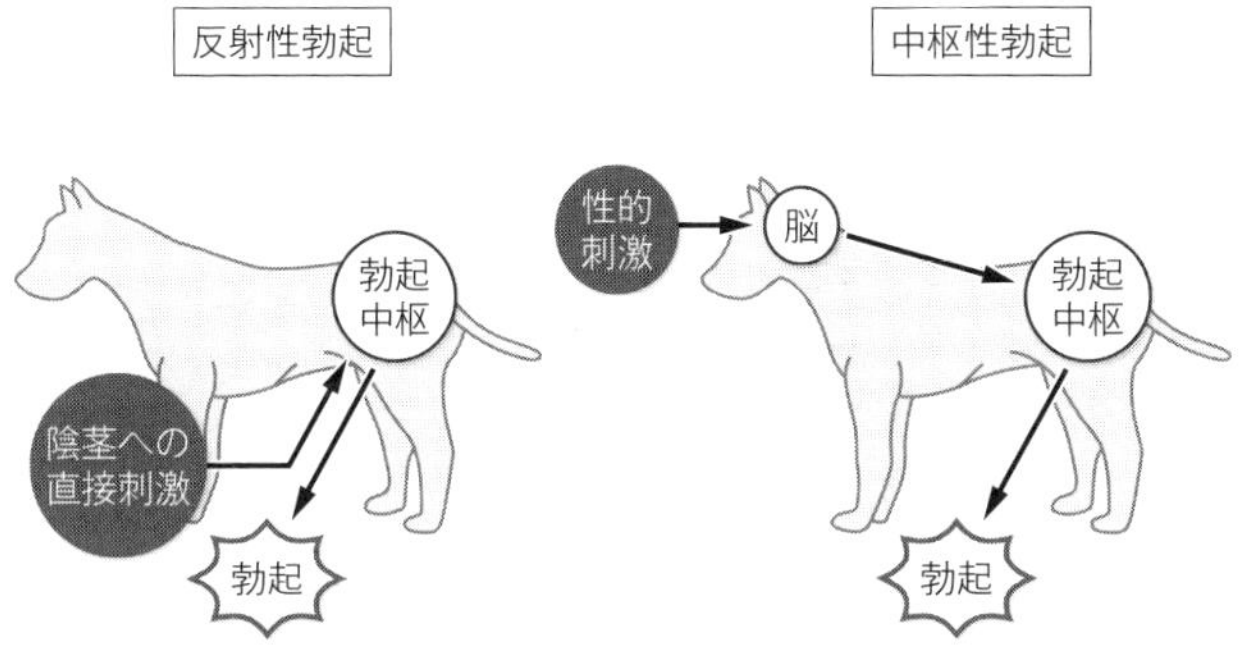

（骨盤神経《こつばんしんけい》）からアセチルコリンが分泌され、血管内皮細胞《けっかんないひさいぼう》から一酸化窒素（NO）が分泌されます。一酸化窒素は海綿体のグアニル酸シクラーゼ→GTP→サイクリックGMPを産生しますが、最終産物であるサイクリックGMPが陰茎血管（海綿体）平滑筋《へいかつきん》を弛緩し、血液を流入させて勃起させます。サイクリックGMPは海綿体に存在するホスホジエステラーゼという酵素により代謝されますが、射精によりこの酵素の働きが高まり、勃起状態は解消されます。

バイアグラ（シルデナフィル）などの**勃起《ぼっき》不全《ふぜん》**[注2]の治療薬は、陰茎に多いホスホジエステラーゼVを特に阻害する薬で、勃起状態を解消する酵素を抑えることで、勃起状態を持続します。バイアグラは当初**狭心症《きょうしんしょう》**[注3]の薬剤として開発され、その治療効果は乏しかったのですが、副作用として勃起作用が観察されたため、勃起不全の薬剤に転用された歴史があります。

②人はなぜ朝勃ちするのか

人の睡眠においては、レム睡眠という浅い睡眠とノンレム睡眠と呼ばれる深い睡眠が、四〜五回繰り返されます。夜間勃起《ぼっき》現象はレム睡眠に一致して起こり、青年期に最も多く、老化に伴い減少しますが、実際には最後のレム睡眠で起こる朝勃ちしか認識されません。特に思春期の男性においては、夜間勃起現象だけでなく、射精《しゃせい》を伴う夢精も見られることがあります。夜間勃起現象は人の胎児にも観察されており、ペニスの発達に必要なのか、それとも大人になってからの準備として、

勃起のメカニズムとバイアグラの作用部位

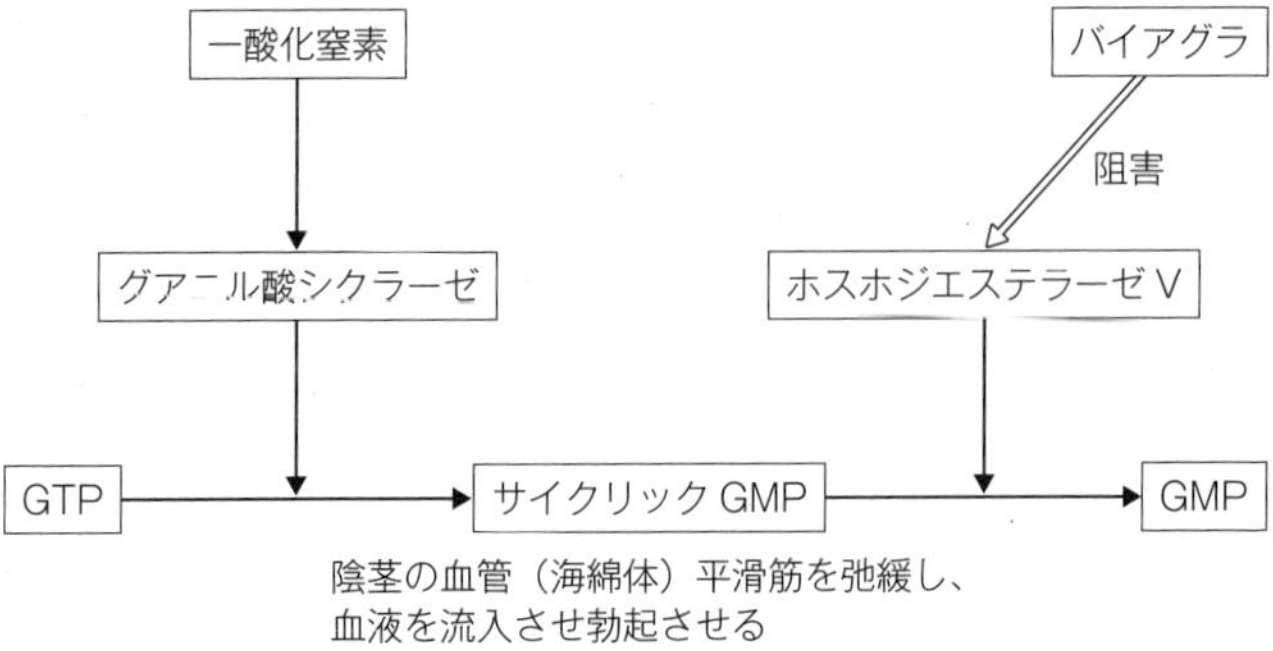

日常トレーニングとしての意味があるのか、その生理的意義は現在のところわかっていません。

③射精《しゃせい》のメカニズム

大きな意味での射精《しゃせい》は、射出と射精に分けられます。末梢《まっしょう》から中枢《ちゅうすう》への性的な求心性《きゅうしんせい》[注4]の刺激がある一定の値（閾値《いきち》）を超えると、腰髄《ようずい》にある射精中枢から交感神経（下腹神《かふくしん》経《けい》）を通して、精巣上体管《せいそうじょうたいかん》、精管《せいかん》、精嚢《せいのう》、前立腺《ぜんりつせん》を収縮して後部尿道《こうぶにょうどう》に精液《せいえき》を移動させます（射出）。後部尿道に精液が充満すると、その刺激により体性神経《たいせいしんけい》（陰部神経《いんぶしんけい》）から射精中枢に刺激が送られ、交感神経（下腹神経）の働きにより尿道周囲の筋肉が収縮し、精液が陰茎から放出されます（射精）。射精の直前に膀胱頸部《ぼうこうけいぶ》の尿道《にょうどう》が閉鎖され、精液が膀胱へ逆流することを防ぎます（閉鎖障害がある場合は、逆行性射精を起こし、精液が膀胱内に流入します）。このため、射精直後には尿が出にくくなります。多くの動物において射精刺激は陰茎《いんけい》への腟《ちつ》からの圧迫や摩擦および温感刺激などが混ざったものと考えられますが、豚の場合は螺旋《らせん》状の子宮頸管《しきゅうけいかん》に陰茎が強く圧迫される刺激で射精します。

射精に伴う快感（オルガズム）は、脳の快感回路におけるドパミン放出により起こります。射精の際には骨盤まわりの筋肉のリズミカルな収縮を伴い、律動的に精液が放出されます。なお、性の快感は食欲・ギャンブル・買い物などで得られる快感や、喫煙・飲酒・麻薬などの薬物による快感と同じと考えられています。

④家畜の精液採取法

牛や豚などの家畜化した産業動物では、オスとメスが直接交尾することはほとんどなく、前もって採取し保存された、遺伝的に優秀なオスの精液が、交配《こうはい》に適した時期のメスの子宮体《しきゅうたい》ないし子宮頸《しきゅうけい》に注入されます（人工授精《じんこうじゅせい》）。

牛においては、精液採取用の種牛《たねうし》から精液を採取する方法として、国内ではもっぱら人工腟による横取り法が実施されています。人工腟はメスの生殖器を模したもので、横取り法とはこれにオス牛の陰茎《いんけい》を挿入させ、射精《しゃせい》させるものです。このとき、擬牝台《ぎひんだい》というメスを模した台が使われます。はたから見るとただの台で、まるでメスには見えないのですが、種牛はこれに乗っかった状態で人工腟に陰茎を入れられ、精液を採取されるのです。もっとも種牛もはじめから擬牝台に乗っかるわけではなく、はじめのうちは本物のメスでトレーニングをします。

　また、精液採取時にオス牛を〝焦《じ》らす〟ことにより、精液量と精子数が五〇パーセント程度増加することが知られています。焦らせ方としては、擬牝台に乗《じょう》駕《が》させることでオスの陰茎を勃起させたら、そのまま人工腟に誘うのではなく、擬牝台からいったん降ろして擬牝台の周囲を一周させ、再度乗駕させます。これを合計三回行います。まさに三度目の正直というべきか、三回目になってオスの陰茎はやっと人工腟に誘導され、射精することができます。

　国内ではこのような方法がとられていますが、欧米ではオス牛からの精液採取には電気射精法を使うことが多いようです。直腸に電極プローブを挿入し、最初

擬牝台を使っての牛人工腟精液採取法

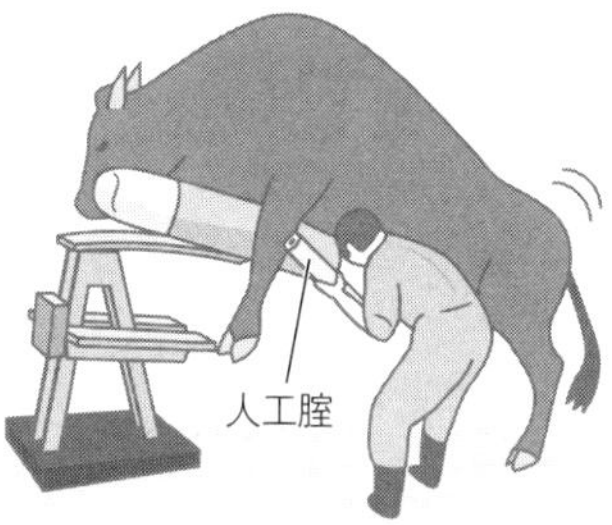

人間の目からはどう見てもメスには見えないが、オス牛はこれに乗駕して射精する。性的興奮を高めるために、擬牝台にはメス牛の尿がかけられる

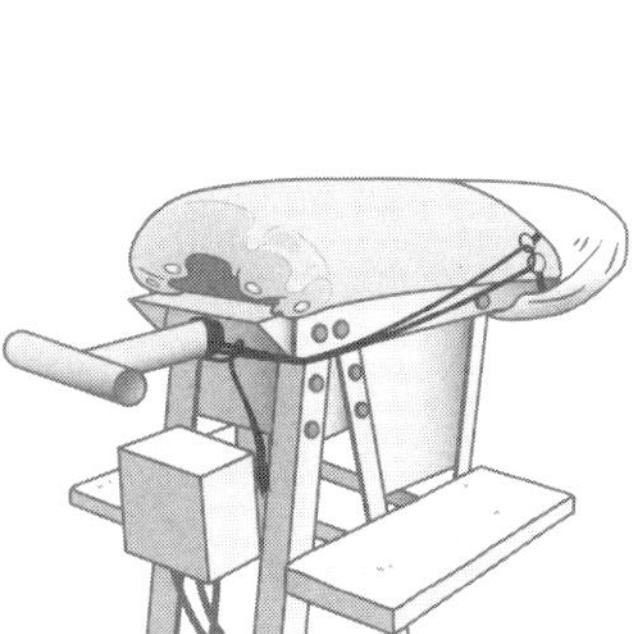

は低電圧から電気刺激を与え、徐々に電圧を上げて射精させます。この場合、焦らせてない分、国内の方法よりも精液量は少なくなります。

もう一つの精液採取法に精管膨大部《せいかんぼうだいぶ》マッサージ法というものがあります。直腸から手を入れて、精管膨大部を優しくマッサージし、時々精嚢腺《せいのうせん》にも触れることを繰り返すことで、オスは射精に至ります。この方法の利点は特別な道具や種牛の訓練を要しないことですが、欠点として採取方法に技術を要すること、包皮《ほうひ》内汚染物質が精液に入りやすいこと、すべてのオス牛に応用できるわけではないことがあります。

自然交配が行われている発展途上国では、オス牛の繁殖能力検査として精巣触診を実施した後に、一部のオス牛に対して精液性状検査が実施されます。いずれにしても精管膨大部マッサージ法により下腹神経《かふくしんけい》や陰部神経《いんぶしんけい》を刺激して射精できることがわかっており、これは同性愛者の性技に関連していることが予測されます。

豚の精液採取では、人の手で陰茎に強い圧力をかけて採取する「手圧法《しゅあつほう》」が一般的です。犬の精液採取は陰茎の亀頭球《きとうきゅう》を強めに手で握り、前後にマッサージすることで半勃起状態になったら、包皮を亀頭球の後ろにずらして親指と人差し指とで握り直す「用手法《ようしゅほう》」が用いられます。

【注1】視《し》床《しょう》下《か》部《ぶ》

間脳の一部で、自律神経系の統合中枢があるところ。代謝機能、体温調節、心臓血管機能、内分泌機能、生殖機能などを調節する。

【注2】勃《ぼっ》起《き》不《ふ》全《ぜん》

勃起機能の低下を意味し、英語でErectile Dysfunction（ED）と表記される。勃起に時間がかかったり、勃起しても途中で萎えてしまったりと、性交時に十分な勃起やその維持ができずに、満足な性交が行えない状態。必ずしも完全に勃起できない状態というわけではない。

【注3】狭《きょう》心《しん》症《しょう》

心臓に栄養を送る血管が何らかの原因で狭くなり、心臓を動かす筋肉（心筋）に送り込まれる血液が不足し、心筋が酸素不足に陥り、一時的な胸の痛みや圧迫感が生じる疾病。患者には胸の不快感や圧迫感といった症状が見られる。

【注4】求《きゅう》心《しん》性《せい》

「求心性」とは中心に近づく方向を示す言葉で、解剖学においては、体の各部から脳や脊髄などの中枢神経に向かう向きであることを示すのに使われる。逆に中心から遠ざかる場合は「遠心性」と表現される。

3 交尾行動の繁殖生理学

①性行為のタイミングはメスが決める

妊娠は、オスの精子とメスの卵子が出会い、受精することにより起こります。メスの卵子は常に受精の場に出ているわけではなく、卵子をつくる臓器である卵巣から卵子が放出（排卵）されることにより、受精の場である卵管《らんかん》に卵子が取り込まれます。この卵子もずっと受精の場にいられるわけではなく、人の場合は排卵から二四時間で死んでしまいます。また、動物によっては特定の季節にしか排卵しないため、人のように年中妊娠できるわけではありません。このように動物が子孫を残すためには、この限られた期間内に繁殖行動＝交尾をしなければならないのです。

さて、発情期とは動物のメスがオスを受け入れる時期のことで、基本的には妊娠しやすい時期に相当します。多くの動物のメスは発情期に排卵するので（例外的に牛は発情が終了してから一二時間後に排卵します）、発情期に交尾をすると妊娠する確率が上がります。多くの野生動物は発情期に一〇～二〇回程度交尾しますので、大部分は一回の発情期で妊娠します。ところが、家畜においては妊娠しやすい時期を人間が診断して一～二回しか**交配**《こうはい》注1させないので、野生動物と比べると妊娠する確率は下がります。それに加えて、程度の差はあれ発情期の前後も発情期特有の症状（発情徴候《はつじょうちょうこう》）を示しますし、牛では妊娠初期でも発情徴候を示すことがあり、交配に適した時期の判断が難しくなっています。猫の場合は排卵のために交尾刺激が必要ですので、通常は一発情期に少なくとも四～五回以上の交尾を必要とします。

②季節繁殖動物と周年繁殖動物

野生動物は基本的に特定の季節に繁殖します。これを「季節繁殖動物《きせつはんしょくどうぶつ》」と呼びます。多くは春や雨期に子供を産み、育てますが、この利点として、春や雨期では食べ物を得やすいことが一番にあり、さらに春は気温が高くなり子育てがしやすいことが挙げられます。補食される側である草食動物においては、一斉に多数を出産した方が、たとえ一定数が肉食動物の餌食《えじき》になったとしても、生き残れるだけの個体数を確保できるという利点もあります。一方で、牛や豚のように家畜化された動物の中には年間を通して発情を繰り返す動物もいます。これを「周年繁殖動物《しゅうねんはんしょくどうぶつ》」と呼びます。牛や豚は人間から常にエサを十分に与えられることで年間を通して発情するようになりましたが、馬、羊、山羊は今でも季節繁殖を維持しています。

犬は年に一～二回発情期を迎えますが、特定の時期ではなく、個体の発情周期の長さに応じて発情期が毎年ずれます。もし、六ヶ月の発情周期であれば毎年同じ時期になるかもしれませんが、多くの犬は七～八ヶ月の発情周期を有するので、馬のようにすべての犬が特定の時期に発情するわけではありません。ただし、多数頭を飼育している場合には複数の犬で発情期がそろう傾向にあり、その場合、個々の発情周期は一～二ヶ月短縮することになります。猫の発情時期は緯度と屋内外の生活環境に影響を受けます。国内の自然環境では猫は一～九月に発情しますが、人と同居している猫は照明の影響により年間を通して発情します。また、赤道直下に近い地域に住む猫も年間を通して発情します。

このようにメスの繁殖季節は日照時間《にっしょうじかん》の長短により影響を受けていますが、実はオスの精子をつくる能力も日照時間の影響を受けるのです。馬、羊、山羊では非繁殖季節に精液量、精子数、精子活力が低下しますが、交尾、射精ができないわけではありません。一方、熊、鹿、タヌキ、キツネなどの野生動物では、非繁殖季節になると精子をつくること自体ができなくなります。

強い性欲にかられた衝動を動物的行動と揶揄《やゆ》することがありますが、実際の動物の交尾

各動物の年間血中エストロジェン濃度（縦軸）の推移

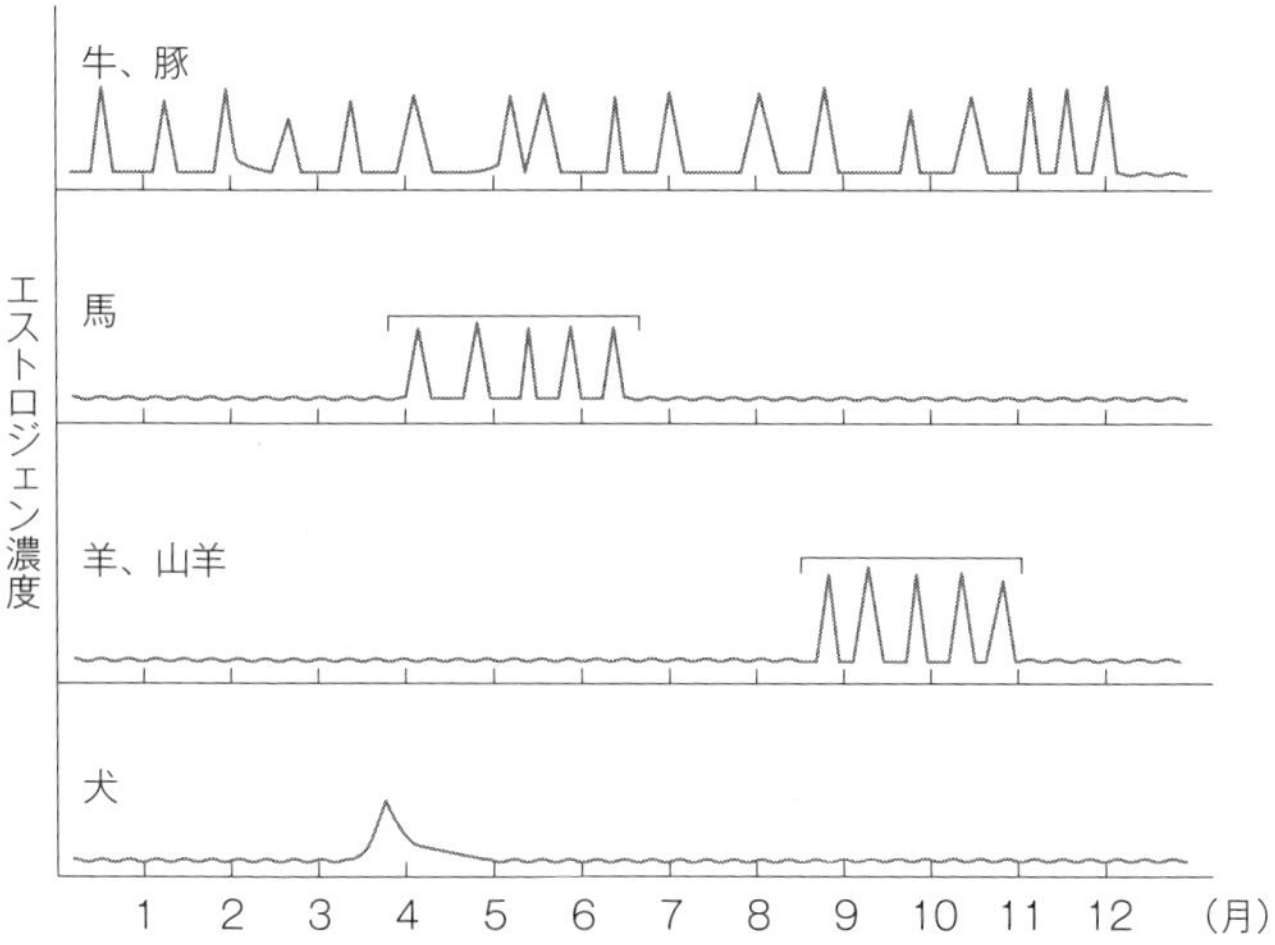

牛と豚では1年を通して発情ホルモン（エストロジェン）の大量放出（スパイク）が見られるが、馬、羊、山羊では特定の季節にのみ複数回スパイクが発生する。犬では個体ごとの周期で年に1～2回のスパイクが見られる　(Senger, 2005より作図)

はメスの発情期に限定されますので、たとえ乱婚であっても年間を通して計算すると交尾回数はあまり多くありません。ほかのオスとの闘争に勝つ必要がある場合においては、オスが子孫を残すのは容易ではありません。犬の祖先であるオオカミなどは一年に一回だけ一週間程度しかメスの許容期がありませんので、一夫一妻のオオカミでは番《つがい》になれないオスは子孫を残せないことになります。厳しい環境に生存することの多いオオカミは夫婦で交互に獲物を狩り、巣穴に戻り胃袋に入れた肉を吐き戻して子供に与えます。場合によっては成長した娘オオカミが偽妊娠《ぎにんしん》による乳汁を幼いオオカミに与えて飢えをしのいでいます。

③様々な交尾予備行動

オスがメスを探す際、視覚、聴覚、嗅覚、触覚、味覚などの五感が大きな役割を果たします。さらにメスに出会ったときには、メスがオスを受け入れてくれる時期（許容期）にあるか否かは、メスが放出する性フェロモンの質や量により察知しているようです。一方で、メスもオスと同様に子孫を残すためにオスを探し、五感やオスの性フェロモンを察知していると思われます。性フェロモンを感知するときに、牛、馬、羊などは上唇を巻き上

牛と馬のフレーメン

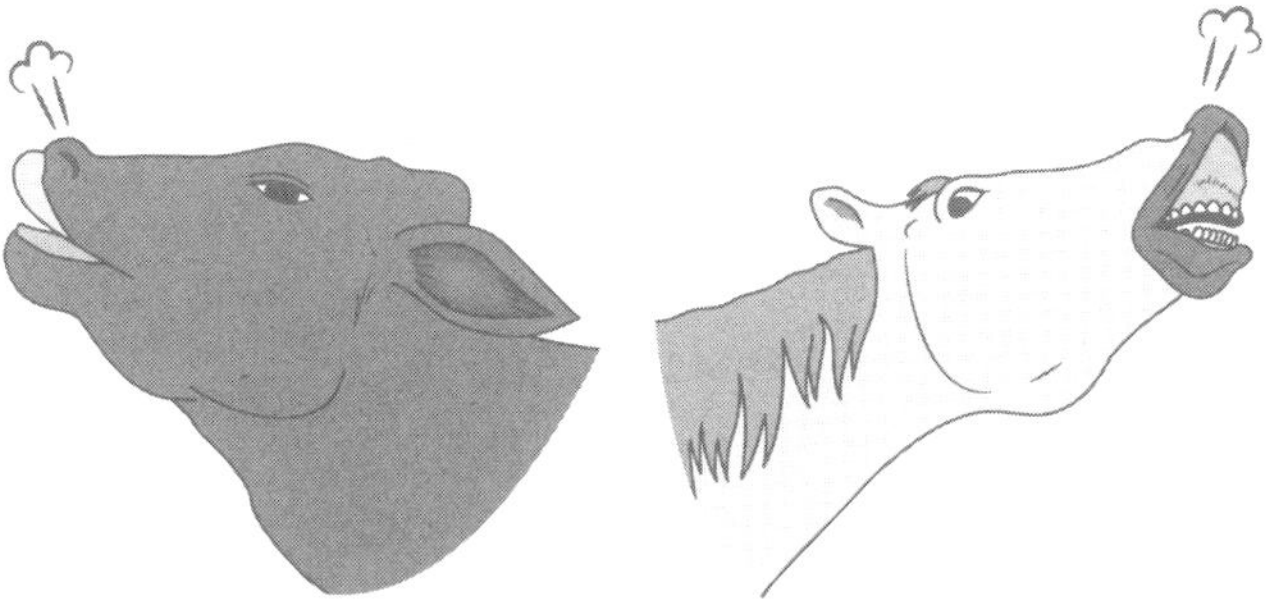

性ホルモンを感知するときに見られる上唇を巻き上げる独特の行動

げる独特の行動（フレーメン）をとります。フレーメンを行う動物では性フェロモンを感知する器官である**鋤鼻器**《じょびき》注2が口腔《こうくう》から鼻腔《びくう》の中間にあるため、空気を鼻腔に送る必要がありますが、ネズミや犬の鋤鼻器は鼻腔にあるためにフレーメンを必要としません。

オスはメスが許容期であると判断すると、メスに接近して交尾予備行動を起こします。動物により様々な予備行動があります。

牛ではオスがメスの外陰部を嗅ぎ、体への頭突きや背中に顎を乗せてメスの許容レベルを判断します。豚ではオスの性フェロモンが唾液の泡に多く含まれており、メスに性的アピールを行うために鼻で腹を突いたりします。馬のメスはオスが近づくと嘶《いなな》き、尾を挙げて何回も排尿し、陰部を開閉します。象のメスは遠くにいるオスに対して低周波超音波を発信して引き寄せ、最終的にはメスの尿からオスがメスの許容期を判断します。犬では、オスがメスに接近して外陰部を舐めたり、性フェロモンを嗅いだりしますが、許容期にあるメスは尾を挙げて静止します。

猫では、発情期のメスが特有の甘えた鳴き方をし（コーリング）、それに呼応してオスが接近しお互いにコーリングを繰り返します。メスの許容姿勢はラットなどと同様で、前足を畳んで、後ろ足を伸ばすことによりお尻を高くします（ロードシス姿勢）が、この姿勢は短い陰茎を挿入するために必要な体勢と考えられています。

④交尾行動（本番）

オスはメスが許容期にあると判断すると、交尾行動に移ります。交尾という用語は「尾が交わる」と書きますが、実際に尾が交わるのはイヌ科動物だけで、多くの動物ではオスが後ろからメスに乗っかることにより尾がおおよそ「重なり」ます。交尾方式にはメスが起立し静止した状態でオスが後ろから乗っかることが多いのですが、地面に座り込んだメスがお尻を挙上しながら（ロードシス姿勢）交尾するスタイルもあります。牛、馬、山羊、犬などは前者であり、猫（前出）、ライオン、トラ、ラクダなどは後者になります。

交尾時間が最も短いのは**反芻動物**《はんすうどうぶつ》注3である牛、山羊、羊で、挿入すると同時に、一瞬で射精して交尾が終了します。馬の交尾は挿入後四〇秒以内ですが、豚の交尾には七分ほどかかります。犬の交尾は二〇分程度と、家畜の中では比較的長いのが特徴です。猫ではオスがメスの首筋を噛んで保定し、陰茎《いんけい》を挿入すると亀頭《きとう》表面の棘突起《きょくとっき》の刺激からメスがオスを引っ掻くような攻撃をすると同時に終わります。以上に挙げた動物は、交尾の際にオスが腰を動かして陰茎をメスの膣《ちつ》に挿入しますが、体が大きくて腰を振れない象などでは、膣の入り口を陰茎自らレーダーのように探して挿入します。

射精部位も動物により異なり、牛、羊、猫のように膣内に射精する動物や、豚のように陰茎が子宮頸《しきゅうけい》に挿入され、子宮内に射精する動物、馬や犬などのように膣内に射精されるが実質的に子宮内に精子が到達する動物がいます。

⑤犬の交尾は特殊～射精は三段階に分けて～

犬の乗駕《じょうが》もほかの動物と同様であり、経験のないオスはメスの頭や横から乗駕しますが、何回か乗駕を繰り返すうちに陰茎《いんけい》を膣《ちつ》に挿入できるようになります。犬の陰茎には陰《いん》茎骨《けいこつ》が存在します。筋海綿体型《きんかいめんたいがた》の犬の立派な陰茎には陰茎骨は不要のように思われます

犬の交尾過程の模式図

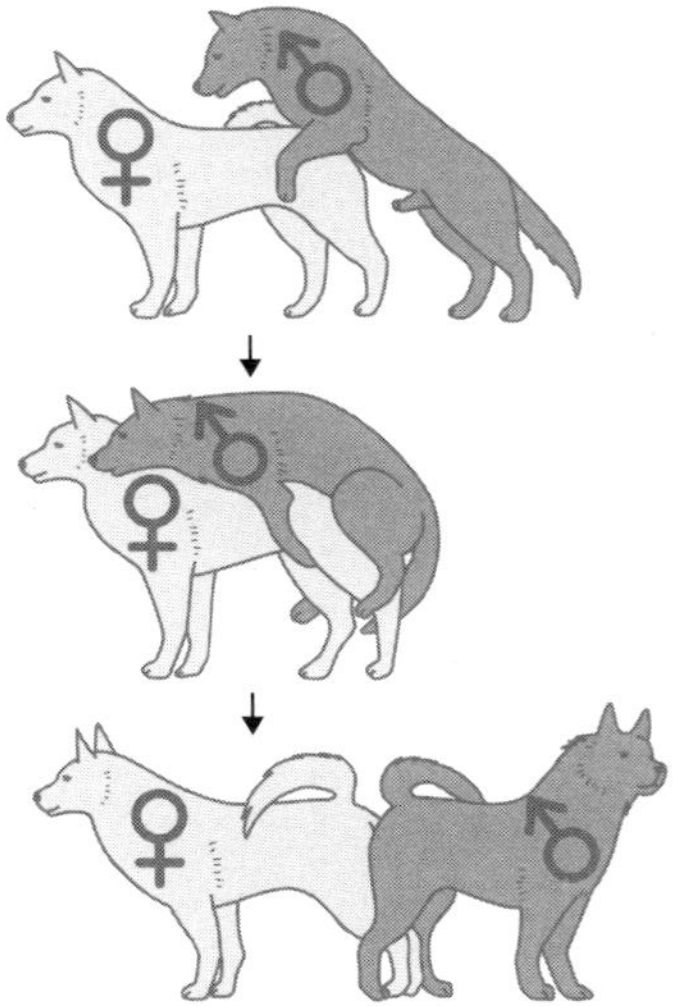

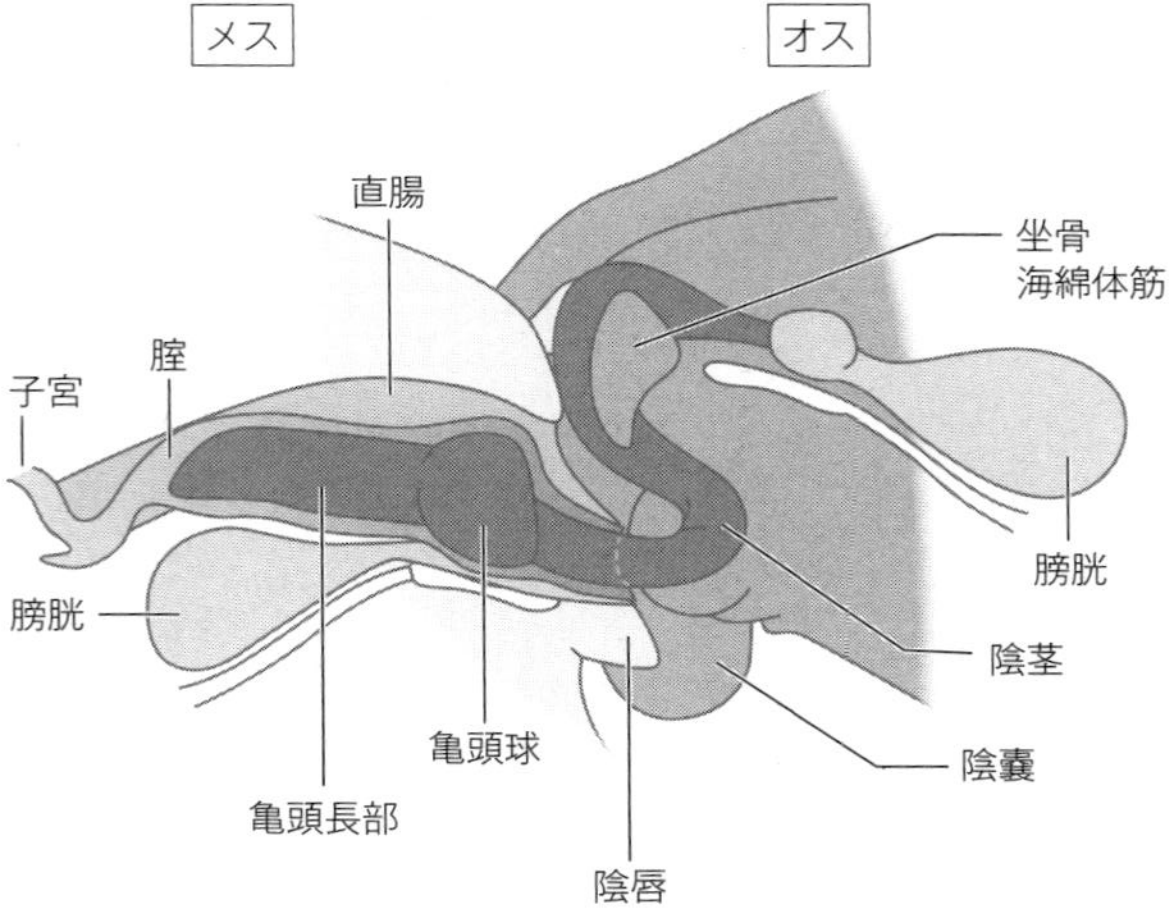

第一段階は交尾直後。いったん地面に降りて、体を反転させ、第二段階である尾を交えた独特の交尾姿勢をとる
（Senger, 2005より作図）

が、亀頭球《きとうきゅう》が膨張する前の陰茎は半勃起の状態であり、亀頭球が腟前庭《ちつぜんてい》[注4]に入るまでは陰茎骨の支えを必要とするようです。ときには亀頭球が陰茎挿入前にフライングして大きくなることがあり、こうなると不完全交尾となり精液を腟内から子宮内に送り込めなくなります。不完全交尾はブリーダー言葉で「外玉《そとだま》」と呼ばれ、習慣化すると人工授精が必要となります。オス犬は乗駕とともに腰を前後に動かして陰茎を腟の深部まで挿入し、亀頭球がメスの腟前庭にロックされ射精を開始するときには、腰の動きを止めます。

　犬の射精精液は三区分され、最初の第一分画《ぶんかく》液は透明な液体で精子《せいし》を含んでいません。第二分画液は精子を含んでいて、乳白色を呈します。陰茎を挿入して一～二分の間に第一分画液を放出し、第二分画液の射精途中と思われるころにオスがメスの背中から降り、お尻を合わせた（尾が交わった）状態になります。このときの陰茎は反転して捻れていますが、射精に支障はないようです。この接合状態は約二〇分間続き、この間に第三分画液を放出します。この液は精子を含まない透明な液体であり、律動的に一〇～二〇ミリリットルが放出されます。一般に精子を含まない第三分画液は意味がないように思われますが、先に射精された精液を子宮内に送り込む大事なポンプの役割を果たしています。

⑥猫は一発情期に一〇回も交尾する

猫の交尾行動は独特の野太く長い鳴き声（コーリング）にはじまると説明しましたが、実際にはその前から尿スプレーによるフェロモンを感じて、オスとメスが接近するのかもしれません。オスとメスがお互いにコーリングで呼応することは、メスの発情状態や相性を確かめたり、性的興奮状態を高める意義があると考えられます。

発情期のメスは人や物に体を擦りつける行動を多く見せますし、爪とぎもなわばりを知らせる意味があります。さらに、床を転げまわるローリング行動も示しますが、これらの行動は本来オスを誘う行動と思われます。相性が確認されるとメスはオスを受け入れるためにロードシス姿勢（前出）をとり、オスがメスの首を噛んで保定しながら交尾します。

猫の交尾

オスがメスの首を噛んで保定しながら挿入する。
挿入と同時にオスはメスの攻撃を受ける

平静時の猫の陰茎《いんけい》は後方に向いていますが、交尾をするときは前向きになります。陰茎の挿入と同時にメスはオスを引っ掻こうとします。慣れたオスは速やかにメスから飛びのきます。オスの飼い猫が数日間放浪して戻った後に、メス猫に爪で引っ掻かれて皮下膿《ひかのう》瘍《よう》[注5]を発症することは珍しくありません。交尾直後のメスは外陰部《がいいんぶ》を舐め、床を転げまわるローリングを行います。この行動の意義は不明ですが、精子を子宮内に運ぶのに都合がよいのかもしれません。

メスの発情行動は通常数日間続きますので、少なくとも一発情期に一〇回以上の交尾を繰り返すと思われます。ところが、一～二回目のオスの射精液には精子を含んでいますが、三回目以降になるとほとんど精子を含みません。猫は交尾排卵動物なので、妊娠するためには少なくとも四～五回の交尾刺激は通常必要と思われますが、一匹のオスと一〇回以上交尾をしてもほとんど意味はないようです。ただし、野良猫のように複数のオスがいる環境では、それぞれのオスが一～二回目の交尾でそれぞれ精子を供給しますので、メスが一〇回以上交尾を受け入れる意義は充分にあります。猫の精液を採取する場合は小さな人工腟を自作して、メスを保定してオスを乗駕《じょうが》させ、ペニスを露出したときに人工腟に誘導します。精液量はきわめて少ないですが、猫も人工授精は可能です。しかしながら、トレーニングしていないオス猫からの精液採取自体、非常に難しいのが現状です。

⑦競走馬の交尾時期は当て馬がお膳立て

競走馬の繁殖においては、人工授精は世界的に許されておらず、すべて自然交配《こうはい》（交尾）で繁殖されます。メスの発情期は春先から数ヶ月の間、三週間くらいの間隔で周期的にやってきます。一回の発情期は五日ほど持続し、排卵は発情終了前一・五日に起こるとされています。馬では牛や豚のように「発情がはじまってから何日で排卵」というような明確な日数がなく、排卵日を予測するのが難しいので、メス馬の発情を確認するために「当て馬」を使ったり、直腸検査《ちょくちょうけんさ》[注6]で卵胞《らんぽう》[注7]のサイズを測定したりします。

発情期のメスはオスが近づくと尾を挙上し

馬の交尾

馬の世界では人工授精が世界的に許されていないため、すべて交尾で繁殖される

て、少しずつの尿の排泄と陰部の開閉（ライトニング）を繰り返す特徴的な行動を示しますが、発情していないメスにオスが近づくと、オスがメスの後ろ足で蹴られたりすることがあるため、当て馬を使用してメスがオスを許容する時期にあるかを確認します。なお、当て馬はメスの発情を促すことに使われますが、実際に交尾できるわけではなく、当て馬がお膳立てしたメスと交尾できるのは、優秀な血統を持つオスのみです。競走馬の世界は、人間界など比べ物にならないほど、オスにとって厳しい世界なのです。

　オスはメスの頭、腹、陰部、鼠径部《そけいぶ》の臭いを嗅いで、性的許容を確認します。さらに腿（太もも）、臀《でん》（お尻）部《ぶ》、後肢《こうし》、前肢《ぜんし》を噛んだり舐めたりすることでメスの興奮を高めてから交尾行動に移行します。もし、許容的でないと判断するとオスの性的好奇心は失われます。今では交配適期の診断に超音波診断装置を用いて卵胞サイズの推移や子宮内膜《しきゅうないまく》の浮腫所見（車軸状《しゃじくじょう》）の確認などが利用されています。交尾に際しては、オスは陰茎《いんけい》を勃起させながら後肢で立ち上がり、そのまま前肢で横腹を抱えるように乗駕します。陰茎が膣《ちつ》にうまく挿入されると、オスはピストン運動を繰り返します。陰茎の先端が傘のように開き、メスの外子宮口を塞ぐように保持され、射精は挿入から一〇秒後くらいではじまり、交尾は二〇〜三〇秒で終了します。

⑧豚と牛の交尾事情

豚では、メスが発情前期から発情期にかけて求愛の鳴き声をあげ、一方オスでは探《たん》査《さ》行動《こうどう》（メスを探す行動）と思われる動きが増加します。オスはメスに出会うと、メスの外陰部を嗅いだり擦《こす》ったりしますが、メスもオスの陰部や包皮腺《ほうひせん》を擦ったりします。これらの行動は発情前期にはじまり、発情期の二日間続きます。メスの行動はオスの唾液や尿に含まれるフェロモンにより促進されます。メスがオスの求愛を受け入れると、動きを止め、オスを許容します。交配適期《こうはいてきき》診断法として、メスの背中に圧力をかけたときに示す不動《ふどう》反応が利用されます。豚の交配は発情期に二回行われます

メス豚の発情診断としての不動反応

両手で腰に圧力をかける方法と、実際に人間が乗って体重をかける方法がある

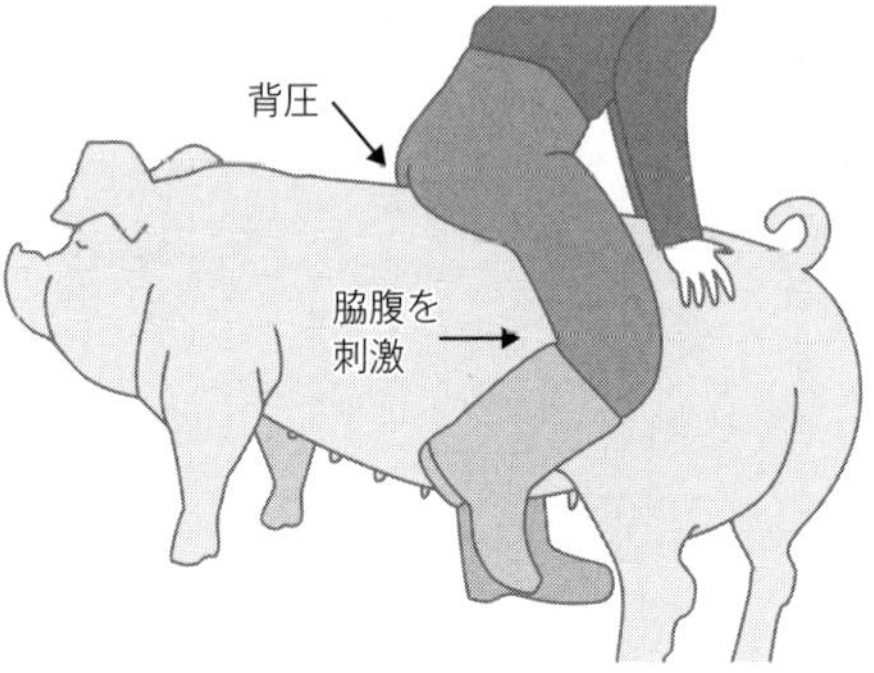

が、これは産子数を増やす目的があります。その内訳は「二回とも自然交配」「初回は自然交配、二回目は人工授精」「二回とも人工授精」とあり、飼育頭数の多い農家では、人工授精の利用が増加しています。

牛ではほとんどが人工授精のため、交尾行動を観察する機会は自然繁殖のために「まき牛」を放牧している公共牧場などに限定されます。発情期のメスは咆哮《ほうこう》[注8]することが多くなり、探索行動として歩行数が増加します。メスだけの群れではメス同士でマウンティング（ほかの牛に乗っかる）をしたり、スタンディング（ほかの牛のマウンティングを受け入れる）をしたりしますが、スタンディング行動が見られたらオスを受け入れる許容期と判断されます。また、オスはメスの出すフェロモンを検出するために、盛んにフレーメンを示します。メスのお尻に鼻を擦りつけたり外陰部を嗅いだりして、最も受胎率の高い時期を判断します。メスの発情期には黄体形成ホルモン（ＬＨ）が一過性に大量放出（ＬＨサージ）され、その後に排卵が起こりますが、オスが交尾に踏み切る時期がこのＬＨサージが起こる時期と一致しており、妊娠のしやすい時期をオスが確実に判断していることがわかります。

【注1】交配《こうはい》

次世代を得るために生物の二個体間で受粉あるいは受精を行うこと。牛の場合は主にオスとメスを交尾させる自然交配と、精液を注入器でメスの腟に入れる人工授精、受精卵をメスの子宮内に入れる胚移植がある。

【注2】鋤鼻器《じょびき》

四足動物の持つ嗅覚器官で、フェロモン物質の感覚センサーで鼻腔の一部が膨らんでできたもの。ヘビやトカゲ類ではよく発達しているが、ワニや鳥類では消失しており、人を含む霊長類では退化している。

【注3】反芻動物《はんすうどうぶつ》

草をいったん食べて第一胃に蓄え、その草を吐き戻して細かく噛み砕くことを繰り返す動物のこと（牛や山羊など）。

【注4】腟前庭《ちつぜんてい》

腟の端に開口する外尿道口から外陰部外陰唇までの部分。尿の流れる部分（泌尿）と陰茎が入る部分（生殖）からなる。

【注5】皮下膿瘍《ひかのうよう》

怪我をした部分が細菌感染し、膿がたまったもの。

【注6】直腸検査《ちょくちょうけんさ》

家畜に行われる検査の一つで、術者が動物の肛門に指や腕を入れ、直腸から内臓や卵巣、子宮の状態を触診するもの。超音波検査を直腸ごしで行うこともある。

【注7】卵胞《らんぽう》

卵巣にある卵細胞とそれを取り巻く上皮細胞からなる細胞の集団。中に卵胞液を入れて胞状に膨らむのでこの名がある。排卵に向けて徐々に成長するため、この大きさを触診ないし超音波検査で測ることで、動物の繁殖周期を把握することができる。

【注8】咆哮《ほうこう》

獣などが吠えたけること。またその声。類語に雄叫びなどがある。

第3章

おちんちんの雑学

1 どうして大きなおちんちんを「馬並み」と言うのか

①「馬並み」の由来は太さにあり？

大きなおちんちんをたとえるときに「馬並み」と表現されることがあります。いつごろから、なぜ馬だったのかなどの歴史的背景についてはわかりません。ただ、一つの仮説を立ててみるならば、身近な動物の中で、馬のおちんちんが最も大きかったからではないでしょうか？　おちんちんの大きさを周囲の人にわかってもらうためには、いくらおちんちんが大きくてもほとんど目にすることのない動物にたとえてもうまく伝わりません。身近な動物、すなわち家畜化され人とともに生活してきた動物を引き合いに出すことで、会話も盛り上がったのでしょう。一般的に身体の大きな動物はおちんちんも大きいので、豚や犬と比べて、馬もしくは牛が、人類の身近にいた動物の中ではおちんちんが大きいことが予想されます。ここではさらに、「なぜ牛ではなく馬だったのか」のヒントを得るために、馬と牛のおちんちんの大きさを比べてみたいと思います。

おちんちんの全長は馬では約五〇センチメートル、牛では約一〇〇センチメートルと、実は圧倒的に牛のおちんちんの方が長いのです。しかし、この長さは勃起していないときに計測されたものであり、皮膚の下に隠れている部分も含まれています。第1章で説明があったように、牛のおちんちんはS字状に曲がっていて、安静時は隠れていますので、見た目にはあまり反映されません。また、馬と牛で

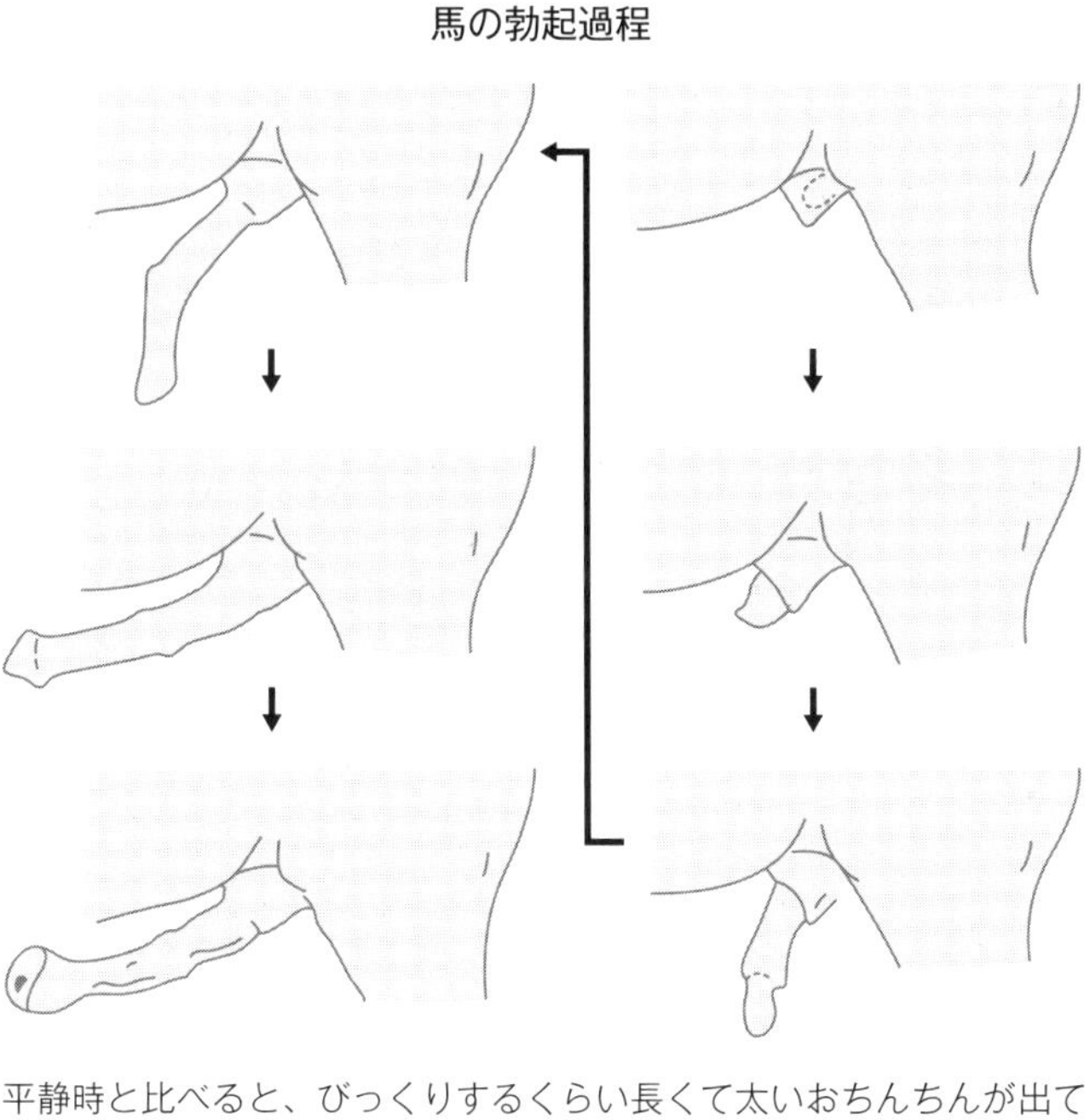

平静時と比べると、びっくりするくらい長くて太いおちんちんが出てくる

は勃起の仕組みが異なりますので、勃起をしていないときの大きさの差が、そのまま勃起しているときの大きさの差になるわけではありません。残念ながら勃起時の全長はわかりませんが、外から見える部分の長さをいくつかの報告から推測してみると、馬で約四〇～五〇センチメートル、牛で約五〇センチメートルと、ほとんど変わらないと考えられます。

では何が違うのでしょうか？　それは、勃起時のおちんちんの太さです。牛では約五センチメートルであるのに対して、馬では牛の二倍の約一〇センチメートル（非勃起時の約四倍）の太さになります。本当の理由は定かではありませんが、勃起時の馬のおちんちんが極太であったため、当時の人が驚愕《きょうがく》して、ついつい「馬並み」と表現したのかもしれませんね。

②馬以上にすごい自然界の動物のおちんちん

さて、このように馬や牛の勃起時のおちんちんは、人（一三～一五センチメートル）と比べて約三・五倍ととても長いのですが、自然界にはさらに上がいます。勃起していないときで、かつ皮膚の下にも隠れている部分を含めた全長になりますが、たとえば、陸生最大の哺乳類である象のおちんちんの長さは約二メートルであり、さらに海に棲《す》む哺乳類も

クジラのおちんちんと成人男性の対比

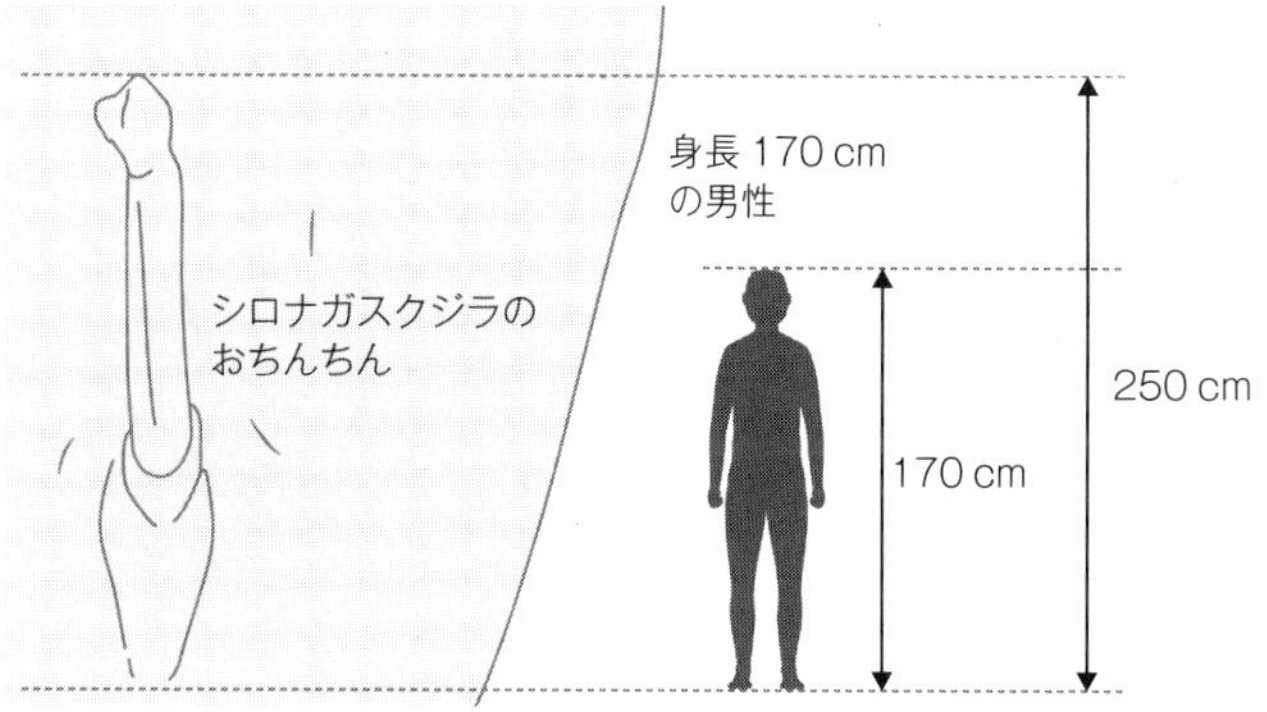

シロナガスクジラのおちんちんは2.5メートルと自然界最長かもしれない。成人男性の身長を優に超える

含めると体長二〇メートルを超えるシロナガスクジラのおちんちんは約二・五メートルと、優に人の身長を超える長さがあります。もし人類が海に住んでいたら、「クジラ並み」と言っていたかもしれません。

ただ、ここで体長に対するおちんちんの長さの比率を見てみると、シロナガスクジラは体長に対して約一〇パーセントの長さのおちんちんを持ちますが、哺乳類の中には体長の約七〇パーセントの長さおちんちんを持つ動物がいます。それはマダガスカルに生息しているテンレックという動物の仲間です。この動物は鼻からお尻までの長さが二〇センチメートル前後の小さな動物ですが、おちんちんは細長く、伸ばしてあげると約一四センチメートルもあります。身長一七〇センチメートルの人であれば、おちんちんの大きさはなんと約一二〇センチメートル！　そうなると今度は「テンレック並み」となるかもしれません。ただ、さすがにテンレックという動物を知っている人は少ないので、やはり「馬並み」が一番しっくり来ますね。

2 かわいい動物たちの下半身事情

①ウサギは猫以上にお盛ん

ウサギのおちんちんは猫に似ており、先端が細いタケノコ状をしています。亀頭《きとう》には猫で見られる陰茎棘《いんけいきょく》はなく、表面は滑らかになっています。また、ウサギも猫と同じく交尾排卵動物ですが、猫よりもさらに激しい交尾行動を示すことが知られています。

ウサギの配偶は多夫多妻の乱交型で、オスは短時間に何回も同一のメスと交尾をし、メスは交尾後すぐに別のオスと交尾をします。これも確実に排卵を起こしてくれるオスを求めての行動と考えられています。このため、ウサギの性欲は動物界一とも噂されており、昔からウサギを模したセクシーな衣装があったり、海外の青年誌ではウサギのマークが用いられていたり、様々な場所で性欲の象徴として認識されていることがうかがえます。

②アライグマの陰茎骨《いんけいこつ》は幸運のお守り

アライグマのおちんちんは細く、やや先細りの形態をしており、先端から四分の一ほどの部位で、ほぼ直角に曲がっています。先端は二個の球形の丸い亀頭《きとう》で構成されています。陰茎骨《いんけいこつ》は長く、よく発達し、おちんちんの全長を貫いており、陰茎海綿体《いんけいかいめんたい》がその陰茎骨を包むように配置されています。陰茎骨の先端は一対の球状の柔らかい軟骨（線維軟骨《せんいなんこつ》）で構成されていて、その表面を亀頭海綿体《きとうかいめんたい》が覆っています。この球状の軟骨は真珠を思わせる見た目をしており、一見かわいらしいアライグマでも、おちんちんの凶暴性がうかがえます。

さて、アライグマのおちんちんは筋海綿体型《きんかいめんたいがた》ですが、勃起《ぼっき》は海綿体の膨張に頼るものではなく、もっぱらよく発達した陰茎骨が挿入を手助けします。ちなみに、海外ではアライグマの陰茎骨は幸運をもたらすお守りだと信じられており、ネックレスなどに加工され売られているそうです。

アライグマのおちんちん

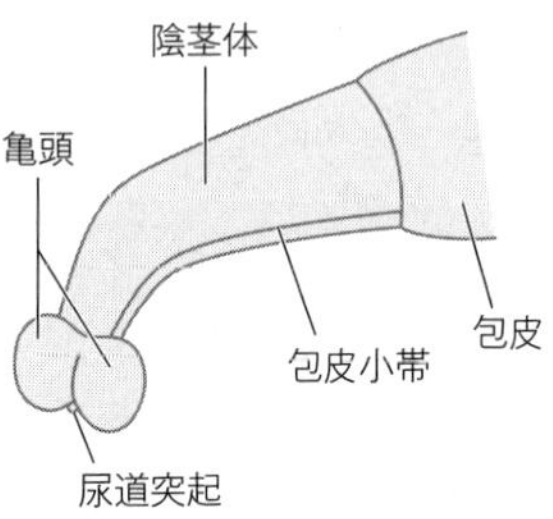

亀頭先端に２つの繊維軟骨があり、これが真珠のようにも見える

③モルモットの精巣は出し入れ自在

以前から家庭用のペットとして愛されているモルモットですが、おちんちんの膨らみや陰嚢《いんのう》が明確でないため、哺乳類の中でも雌雄鑑別《しゆうかんべつ》が難しい動物です。陰部もオスとメスではよく似ていて、生殖孔《せいしょくこう》と肛門が近い距離にあります。雌雄を鑑別するには、少し陰部をめくるようにして確認する必要があり、オスは丸く小さな突起物が見られ、メスではY

モルモットの雌雄鑑別

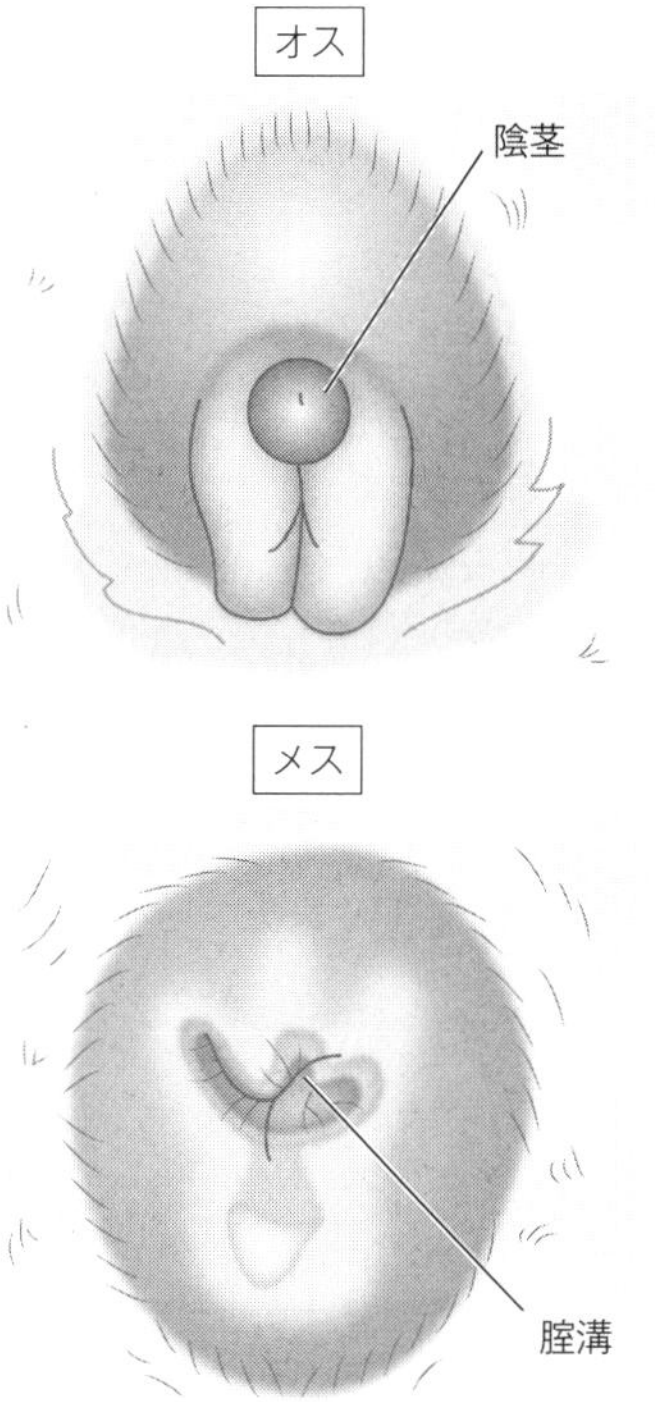

陰部をめくるとオスでは小さな突起物が見られ、メスではY字型のラインである膣溝が見られる

字型のラインである腟溝《ちつこう》が観察できます。

また、モルモットは犬では成長後に閉じる鼠径管《そけいかん》が成長後も開いたままで、精巣《せいそう》が腹腔《ふくくう》内《ない》と皮下を自由に移動します。そのため、陰部の周囲を押すと、オスでは精巣が移動して陰嚢のあたりが膨らんで見えます。ここにさらに圧力をかければ、おちんちんを突出させることができます。

モルモットのおちんちんには陰茎骨《いんけいこつ》が存在し、亀頭《きとう》が明確でなく、全体的に棍棒状とい

モルモットのおちんちん

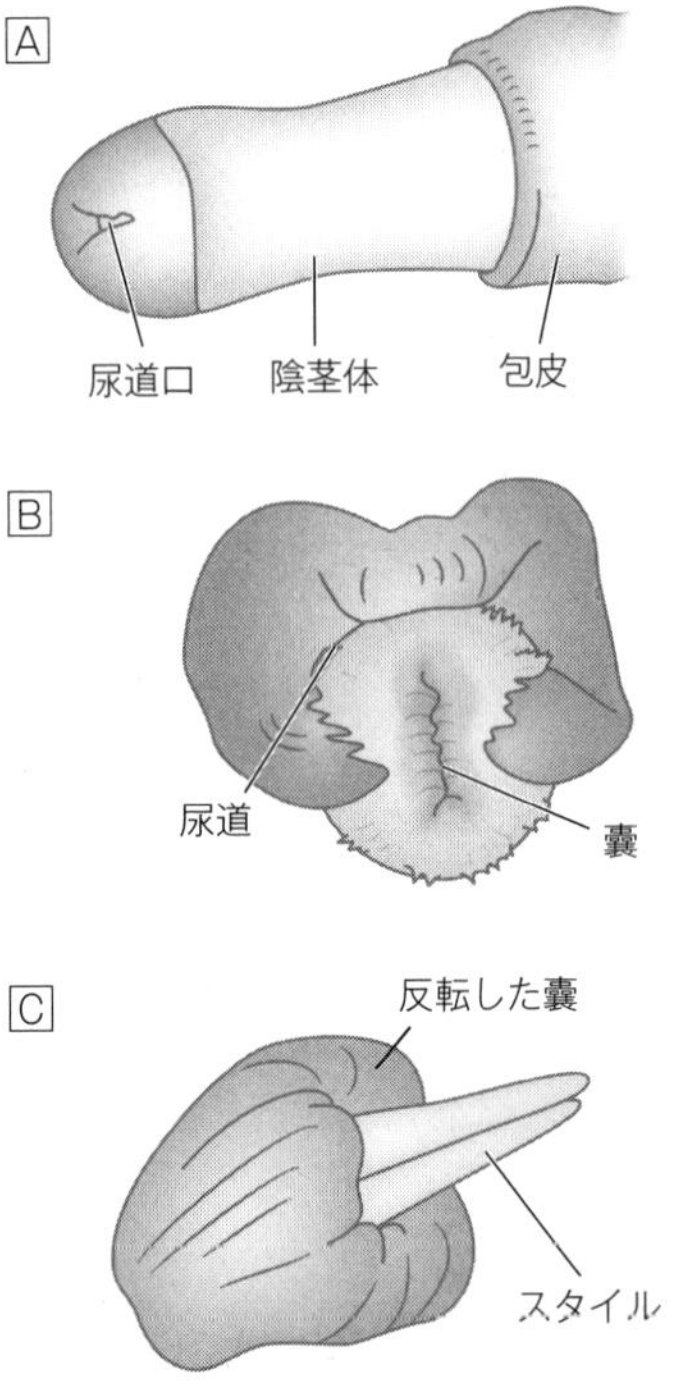

棍棒状の本体で亀頭は明確ではない（A）。尿道口の頭側に嚢がある（B）。角質様の突起物（スタイル）は勃起時に嚢が反転して突出する（C）

う特徴的な形をしています。尿道口《にょうどうこう》の頭側（前方）にはスタイルと呼ばれる二本の細い角質様の突起を収容した嚢《のう》が存在しています。この嚢は勃起時に反転し、スタイルを外部に突出します。スタイルはモルモットの仲間であるチンチラ、デグーなどにもありますが、その役割はよくわかっていません。

④フクロモモンガのおちんちんは二股のヒモ状

フクロモモンガは有袋類《ゆうたいるい》に属する、コアラやカンガルーの仲間です。有袋類のメスはお腹にある袋（育児嚢《いくじのう》）で子供を育てます。一方、オスは途中で二本に分かれY字状になっている特殊なおちんちんを持っています。一見すると細長いヒモのように見え、先端に向けて細く尖っています。おしっこはどこから出るのかというと、Y字に分かれる分枝部から出るようです。

この特徴的なおちんちんの形状は、メスの膣《ちつ》の形状に合わせたもので、これを理解しないとY字型のおちんちんの謎は解けません。人を含めて多くの哺乳類の膣が一つなのに対して、フクロモモンガのメスは三つの膣を持ちます。三つあるうちの左右の二つはそれぞれの左右の子宮に精子《せいし》を移動する役割を持ち、中央のそれは子宮で成長した赤ちゃんが膣

フクロモモンガのおちんちん（上）と膣（下）

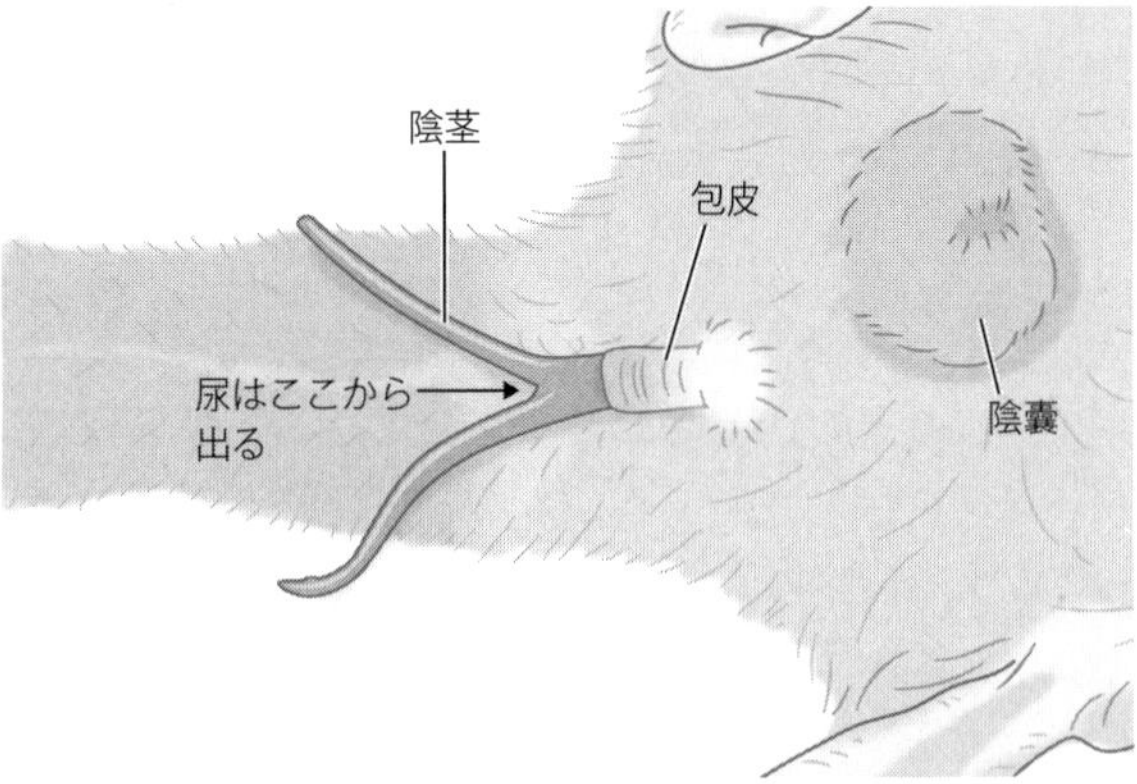

一見するととてもおちんちんとは思えない二股の形状

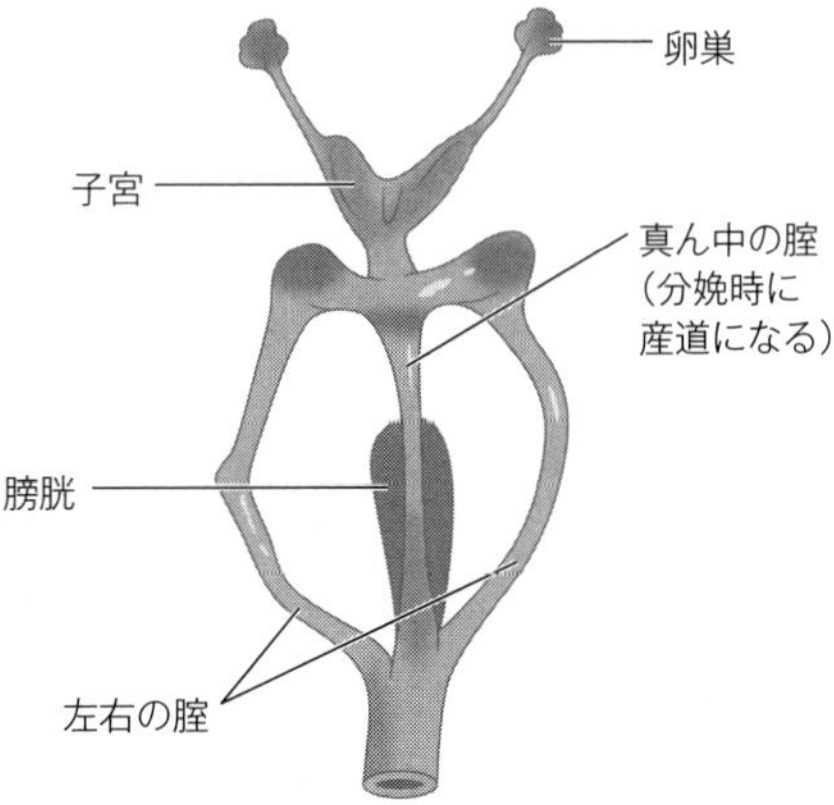

メスの膣は三股で、左右の膣は交尾時におちんちんを受け入れ、精液を子宮へ送る。真ん中の膣は分娩時に胎子が通る産道になる

から外に移動するときに産道として使われます。生まれた赤ちゃんは育児嚢に自ら移動して、嚢内の乳首から母乳を吸って成長します。交尾のときは、二股のおちんちんがメスの左右の二つの膣に同時に挿入され、同時に射精をするようです。

フクロモモンガに限らず、有袋類はおちんちんと精巣《せいそう》の位置関係も、多くの哺乳類とは異なります。哺乳類では、基本的には陰嚢《いんのう》がおちんちんよりも肛門に近い位置にありますが、有袋類ではこの位置関係が異なります。精巣を収納している陰嚢はお腹の真ん中に垂れ下がっていて、おちんちんは肛門の頭側（前方）に位置しています。おちんちんは普段は生殖孔内に収納されていますが、性的に興奮すると肛門のすぐそばから飛び出します。おちんちんはヒモ状で、一見するととてもおちんちんには見えない、かわいらしいフクロモモンガの外見からは想像できないショッキングな形をしています。陰嚢も腹部に鈴のように垂れ下がっていて、この中に丸い精巣が二つ収納されています。

3 人にはなぜ陰茎骨《いんけいこつ》がないのか

実は、大抵の動物には陰茎骨《いんけいこつ》があります。例外として、ウサギ、鹿、ラクダ、カバ、サイ、馬、豚、キリン、ハイエナ、コアラ、カンガルー、象、クジラには陰茎骨がありません。陰茎骨は動物により形、大きさは様々で、大きさは体の大きさに比例しません。ゴリラは数ミリメートル、中型犬では六センチメートルほどの陰茎骨を持ちます。陰茎骨はおちんちんを硬くし、交尾時の挿入を容易にします。また、膣《ちつ》を刺激して排卵を促したり、交尾の時間を長くしてほかのオスが交尾するのを阻止します。多夫多妻の動物では、一夫一妻の動物に比べて陰茎骨が大きく発達する傾向にあります。

さて、私たち人間には陰茎骨がありません。その理由は不明な点も多いのですが、次の三つの説が有力なようです。

一つ目は夫婦の形が変わったことによるものです。一九〇万年前ごろ、人類の祖先（ホモ・エレクトス）は一夫多妻から一夫一妻の配偶型《はいぐうがた》に変わっていったようです。そのため、メスを巡った闘争が起こりにくくなり、交尾したメスがほかのオスに横取りされることもなくなったため、陰茎骨を失ったとするものです。

二つ目は挿入時間に関係するもので、一般的に人間の男性の挿入時間は二分ほどしかないため（個人差はありますが）、わざわざ陰茎骨でサポートする必要がないという説です。

最後の一つは「神様がアダムの陰茎骨からイブをつくった。そのため人には陰茎骨がない」という神話に由来するものです。聖書には「アダムの肋骨からイブがつくられた」と書かれていますが、二〇〇一年にアメリカの科学雑誌「American Journal of Medical Genetics」に上記の説が掲載され、発表者のスコット・F・ギルバート博士は、論理的に「陰茎骨説」を説いており、宗教的あるいは科学的にまじめな議論が起こっています。なお、淋病《りんびょう》、梅毒《ばいどく》、糖尿病、痛風《つうふう》などにかかると人でも陰茎骨が出現し、排尿困難、陰茎湾《いんけいわん》曲《きょく》症《しょう》が起きることが知られています

4 霊長類のおちんちんを比べてみる

①夫婦のタイプによるおちんちんの違い

霊長類のおちんちんはすべて血液を集めて勃起《ぼっき》する筋海綿体型《きんかいめんたいがた》です。動物種により様々な配偶型《はいぐうがた》（一夫一妻、一夫多妻、多夫多妻など）を示し、配偶型の違いによりおちんちんの大きさや形状にも違いをみせています。一般的には、一夫一妻や一夫多妻の霊長類のおちんちんは、多夫多妻のそれに比べると小型で単純な形をしています。

ゴリラは人の倍以上の体格をしていますが、おちんちんは約三センチメートルと小さく、形状も単純です。陰茎骨《いんけいこつ》は数ミリメートルしかなく、精巣《せいそう》も小型です。ゴリラは一夫多妻制（ハーレム）の配偶型を示しますので、メスを巡っての闘争に勝ったオスは交尾に集中するのみです。オランウータンもゴリラとほぼ同じようなおちんちん、精巣、配偶型を示します。

一方、チンパンジーの配偶型は多夫多妻で、おちんちんは人と同程度の大きさですが、亀頭《きとう》は明瞭ではなく、先端はタケノコ状に尖っています。精巣は巨大で、左右の精巣を合

配偶型によるおちんちんの違い

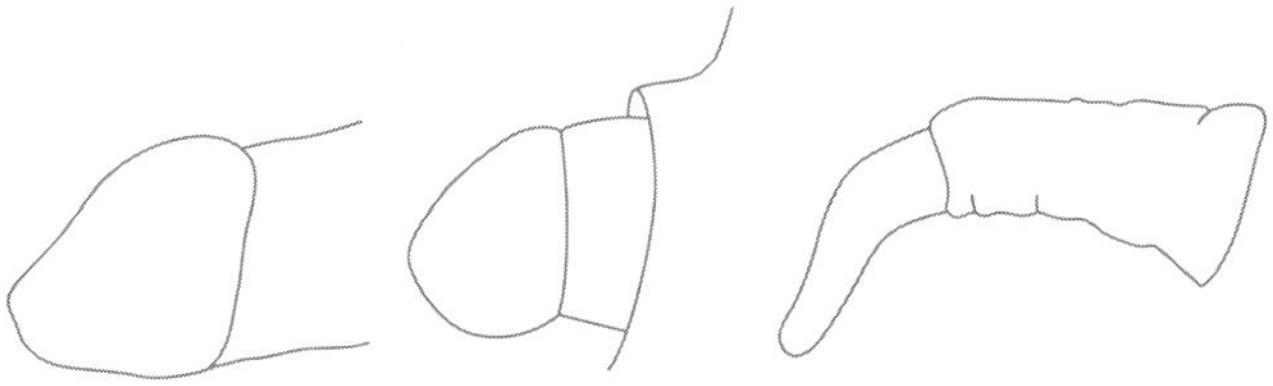

一夫一妻の人、一夫多妻のゴリラ、多夫多妻のチンパンジーでは、亀頭の形状が若干異なる

わせると脳とほぼ同じ重量になります。メスのチンパンジーは交尾後、直ちに別のオスと交尾します。一方で交尾を終えたオスも、すぐに別のメスとの交尾を繰り返します。このため大量の精子をつくらなければならず、巨大な精巣が必要になります。精子の寿命は四日ほどですので、短期間に多くのオスと交尾し、膣内に複数のオスの精子を入れ、精子間で競争させ（精子競争）、より優秀な遺伝子を持つ精子と受精させようとする戦略なのでしょう。

②実はデカい人間のおちんちん

さて、私たち人間の配偶型《はいぐうがた》はご存知のとおり一夫一妻（二足歩行以前の人類の祖先は一夫多妻）です（もちろん例外はありますが）。実は人間の

霊長類のおちんちんと精巣のサイズの比較

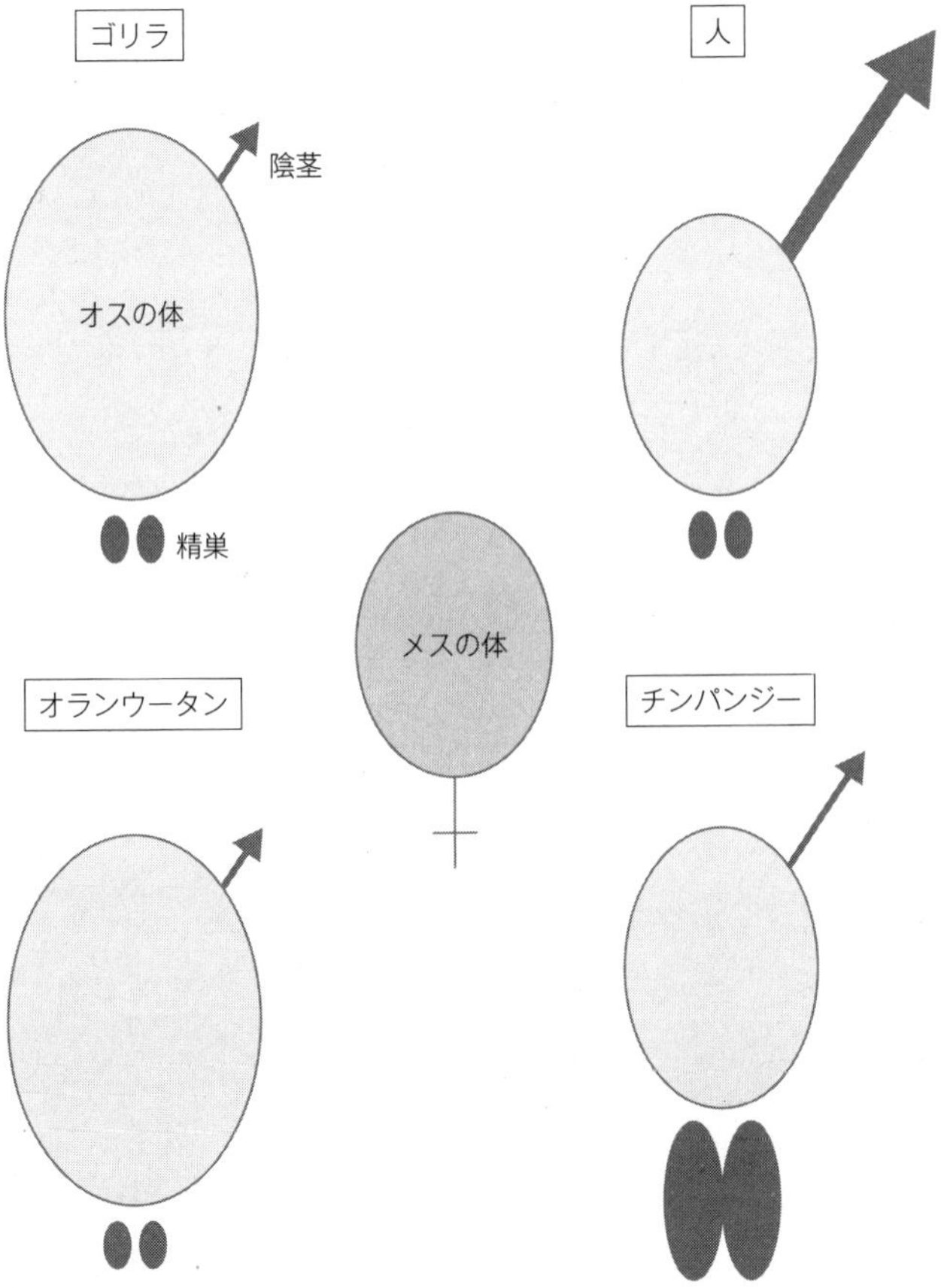

こうして比べると、人間は霊長類の中ではおちんちんが大きいことがわかる

おちんちんは霊長類の中では最も巨大で、形も単純です。陰茎骨《いんけいこつ》もありません。亀頭《きとう》の形はキノコ状で、先端がよく発達しています。これは、おちんちんを膣《ちつ》に挿入してピストン運動をしているときに、先に交尾したオスの精液《せいえき》をかき出し、最終的に自分の精液のみを注入し、受精させようとする構造と言われています。一夫一妻の配偶型にはこのような構造は必要ないようにも思われますが、これは二足歩行以前の一夫多妻の時代の名残かもしれません。さて、霊長類《れいちょうるい》の中でも人間のおちんちんが巨大なのは、二足歩行になっておちんちんがメスからよく見えるようになり、オスとしての能力を誇示するために巨大化したとも考えられています。角を持つ動物（アンテロープ）の世界において、立派な角を持つオスがメスによくアピールでき、子孫を残せる機会が広がる事実と同様のものでしょう。そういえば女性を見ても、ほかの動物と比べて人間はおっぱいが大きいですよね。これも二足歩行になって、それまでセックスアピールであったお尻よりもおっぱいの方がオスの目につくようになったのが原因だという説があるようです。

5 射精《しゃせい》時のオス・メスの生殖器

① 尿道突起《にょうどうとっき》は何のためにあるのか

山羊や羊のおちんちんの先端には、尿道突起《にょうどうとっき》と呼ばれる細長い管があります。精液はこの尿道突起の先端から射精《しゃせい》されるわけですが、その役割はよくわかっていません。山羊や羊の精液は一ミリリットル程度と少ないですが、牛と同様、挿入すると同時に射精します。射精の瞬間にはおちんちんに強い圧力がかかり、尿道突起は回転して精液は外子宮《がいしきゅう》口《こう》近くに散布されると考えられています。このとき、もしかしたら射精の瞬間は尿道突起の先端まで勃起《ぼっき》していて、外子宮口に挿入されている可能性も否定はできません。山羊、羊の尿道突起は明らかに飛び出していますが、馬では外見からは尿道突起の存在が明らかではありません。解剖学の教科書をよく見ると、馬でも尿道突起が記載されていますが、どこがそれにあたるのかがわからないくらい、ほとんど目立ちません。馬の交尾に際しては、亀頭《きとう》部分が傘を逆さにしたように開いて外子宮口を覆うので、尿道突起は外子宮口に入り精液を子宮内に送る役割を果たしている可能性はあります。

イギリスのBBC放送は、男性のおちんちんに軟性内視鏡を装着させ、女性のオルガズムの状態を撮影しています。この撮影画像で一番驚いたのは、オルガズムのときに女性の外子宮口が象の鼻のように伸びて、いかにも精液を吸引するような動きを見せていたことです。射精時の生殖器の動きについては、まだわからないことも多く、ときに真実は想像を超えることがあることを心に留めておくべきでしょう。

②勃起《ぼっき》したままになってしまう病気がある

反芻《はんすう》動物の牛、山羊、羊や豚のおちんちんは、勃起《ぼっき》していないときには包皮《ほうひ》の中に納められていて、外からは見えません。その理由は、陰茎後引筋《いんけいこういんきん》がおちんちんを後ろに引っ張っているためです（S字曲）。陰茎後引筋の付け根は仙椎《せんつい》にあり、しっかりとおちんちんを引っ張っているため、おちんちんはS字状に収納されています。オスが性的に興奮して、おちんちんの勃起力が陰茎後引筋の力より上回ると、おちんちんが包皮から突出します。実は筋海綿体型《きんかいめんたいがた》の馬、犬、人のおちんちんにもこの陰茎後引筋はあり、平静時（非勃起時）には包皮《ほうひ》内におちんちんを納める役割を果たしています。

犬でしばしばみられる病気に椎間板《ついかんばん》ヘルニアというものがありますが、この病気では椎《つい》体《たい》と椎体の間にある椎間板の軟骨が潰れ、脊髄《せきずい》を圧迫することにより運動障害を起こします。そのため、椎間板ヘルニアでは陰茎後引筋が麻痺しておちんちんが包皮から脱出し、おちんちんが出っぱなしの状態になる持続性勃起症《じぞくせいぼっきしょう》を呈することがあります。人でもおちんちんが勃起したままになってしまって専門家の診療を受けることがありますが、そのような症例の中には、このように神経疾患に含まれる例があることを覚えておいていただければと思います。

6 爬《は》虫《ちゅう》類《るい》のおちんちん

①爬《は》虫《ちゅう》類《るい》のおちんちんはお尻の穴から生えている

爬《は》虫《ちゅう》類《るい》の仲間では、原始的なムカシトカゲにはおちんちんがありませんが、その他の種にはおちんちんが存在し、メスとの交尾に使用されます。ワニやカメのおちんちんは哺乳類と同様に一本ですが、ヘビやトカゲの仲間（有鱗目《ゆうりんもく》）には、「ヘミペニス（半陰茎《はんいんけい》）」と呼ばれる二本のおちんちんがあります。

爬虫類と鳥類は、おしっこの通り道である尿道《にょうどう》と、うんちの通り道である直腸が、いったん一つの空間（総排泄腔《そうはいせつくう》）に連絡していて、総排泄孔《そうはいせつこう》と呼ばれる一つの出口から外に出ます。爬虫類のお尻の穴とはこの総排泄孔のことで、交尾もここを通じて行われ、オスのおちんちんもメスの卵管《らんかん》の出口も、この総排泄腔にあります。爬虫類のおちんちんは、私たち哺乳類とは違って排尿には使用されず、もっぱら生殖するための交尾器《こうびき》としての役目を担っています。また、おちんちんには精液《せいえき》の通り道である精管《せいかん》はなく、精液はおちんちんの表面にある溝（精子溝《せいしこう》）を伝ってメスに送り込まれます。なお、おちんちんのないムカシトカゲは、オスとメスが総排泄腔をこすり合わせて交尾をしているようです。

②カメのおちんちんは デカい！ そしてワニは常に 勃起している

カメのおちんちんは総排泄腔《そうはいせつくう》内の前方にあり、平静時（非勃起時）はしぼんでいますが、発情すると海綿《かいめん》体《たい》が充血することで勃起《ぼっき》して反転し、総排泄孔《そうはいせつこう》から飛び出します。おちんちんの中心には軟骨のような構造物が存在し、その形状はカメの種

カメのおちんちん

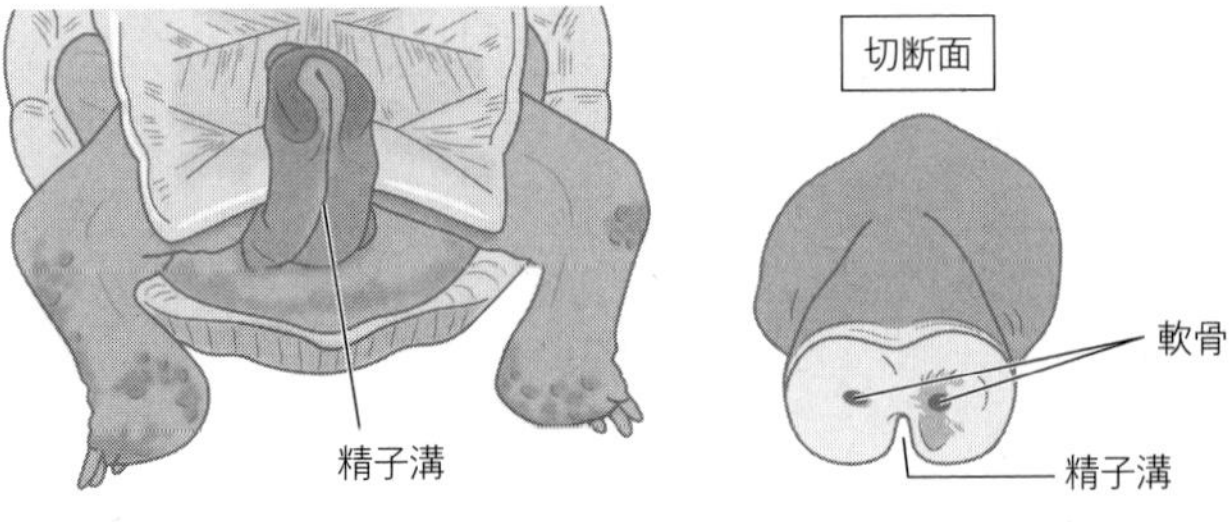

体のサイズと比べてかなり大きく、これでもすべてを出し切った状態ではない。精液は精子溝という溝を伝って出てくる。切断面を見ると軟骨が認められる

類によって異なります。一般的に陸ガメのおちんちんは肉色をしていますが、水棲ガメのおちんちんは先端が黒褐色をしています。オスのカメはメスの後ろから甲羅に乗っかって総排泄孔におちんちんを挿入します。このとき、甲羅が邪魔で交尾がしにくいため、一般的にカメのおちんちんは体のわりに大きく、長く伸びるようにできています。また、交尾が行いやすいように、オスの甲羅のお腹側（腹甲）はわずかに凹んでいて、これがカメの雌雄鑑別《しゆうかんべつ》に使われることがあります。

　ワニのおちんちんも総排泄腔内に収納されていますが、これまで詳しいことはあまりわかっていませんでした。しかし

ワニのおちんちん

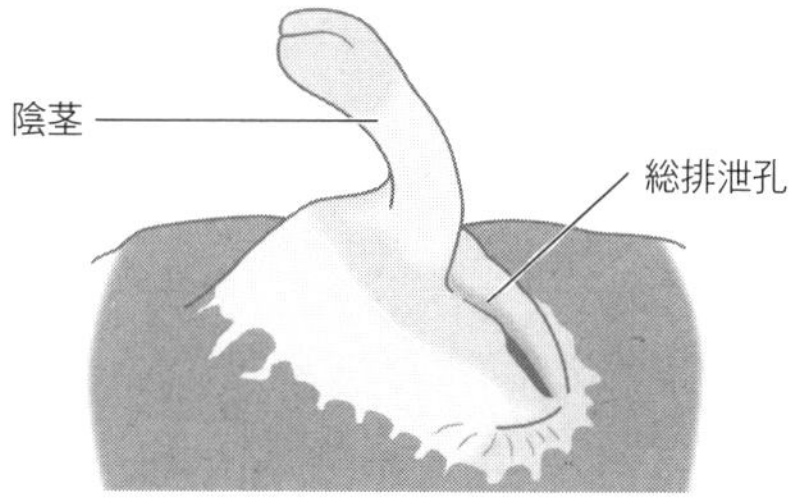

常にフル勃起した状態で総排泄腔内に収められている。いつでも臨戦態勢！

近年になり、常に勃起した状態を保ったまま収納されているという論文が発表されました。アメリカアリゲーター（*Alligator mississippiensis*）のおちんちんは硬いコラーゲンと線維組織により構成され、常に勃起した状態で収納されているようです。交尾の際にはこの硬いおちんちんが飛び出て、メスの総排泄腔に挿入されるそうです。

③トカゲとヘビにはおちんちんが二本ある

トカゲやヘビの二本のヘミペニスは、平静時（非勃起時《ぼっき》）はしぼんだ袋状で、総排泄腔《そうはいせつくう》の後方（尾のある方向）のお腹側にあり、しっぽの後方の付け根にあるポケットに裏返しの状態で収納されています。このポケットを「ペニスサック」と呼び、筋肉の鞘《さや》でヘミペニスを取り囲んでいます。発情すると袋が勃起して反転し、総排泄腔の左右の端から二本のヘミペニスが飛び出してきますが、実際に交尾で使用するのは一本だけです。ヘミペニスは肉色で棍棒状をしています。このヘミペニスがあるため、オスのトカゲは総排泄腔の尾側に左右二つの膨らみがあり、オスのヘビはメスと比べて尾が太くなります。ペニスサックはメスにもありますが、オスのそれと比べて浅く、金属の棒（セックスプローブ）で長さを測ることで雌雄鑑別《しゆうかんべつ》をすることがあります。この方法は、ヘビでは一般的に行われますが、トカゲでは明確ではないことが多いため、あまり行われていません。

ヘビのヘミペニスには表面に角化した多数の棘《とげ》や鉤状《こうじょう》の突起（ロゼット）があります。このような突起は同種のメスに特異的に適合するようになっており、オスが交尾の間にヘミペニスを適切な位置に保つのを助けています。

さて、ヘビはよく精力剤の材料として使われます。この理由としてまず考えられるのは、ヘビのかたち自体が人間の男性器を連想させることにあるでしょ

トカゲ、ヘビのおちんちん

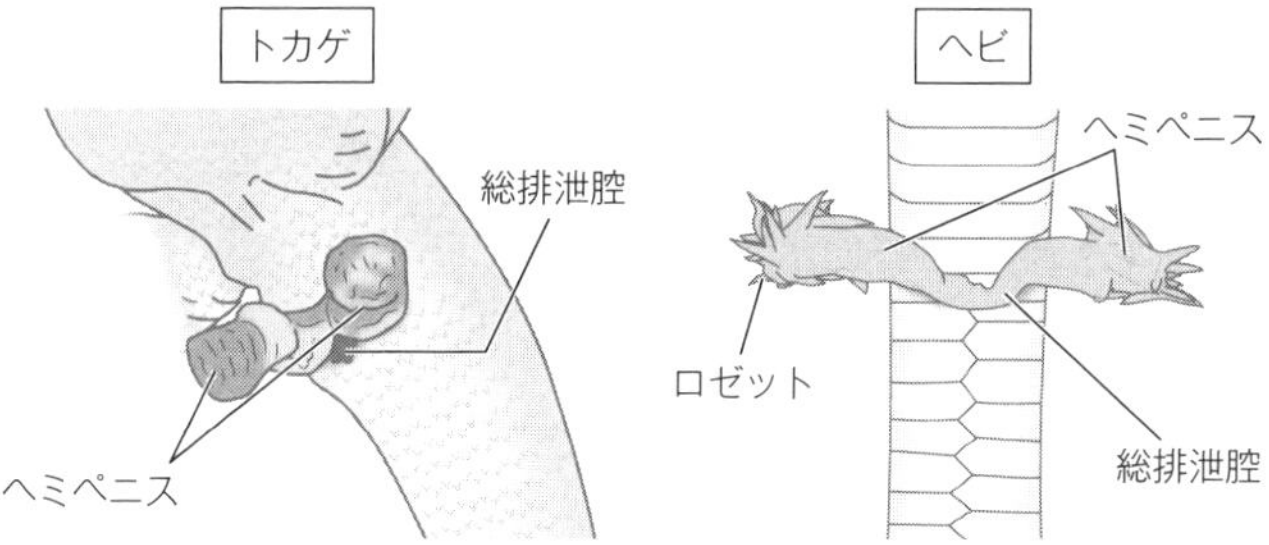

どちらも左右に２本あるが、交尾の際に使用するのは１本だけ。トカゲのヘミペニスは一対の嚢状で、勃起後に反転して露出する。ヘビのヘミペニスには多数の棘（ロゼット）があり、見た目もかなりえげつない

う。それに加えて、二本のヘミペニスを持つ、エネルギッシュに体を絡め合った交尾が数時間から数日間続く、(これはヘビだけの特徴ではありませんが)一回の交尾でメスに注ぎ込まれた精子が数年間は生きるなどの生物学的な特徴から、昔から精力剤といえばヘビが有名なのだと考えられます。

7 精子《せいし》は必ずしもオタマジャクシ型ではない

すでにこの本でも書かれているように、一般的に精子《せいし》は精巣内《せいそう》で丸い細胞から徐々に余分なものが削ぎ落とされる結果、先端の遺伝情報が詰まっている楕円形～縦長の核（頭部）に尾がくっついてオタマジャクシのような形になります。しかし、実を言うと、すべての哺乳類の精子がこのような形をしているわけではありません。たとえば、多くの齧歯《げっし》類《るい》や**有袋類**《ゆうたいるい》注の中でも、コアラやウォンバットは精子の頭部先端が湾曲して、鎌型《かまがた》～ホックのような形をしています。また、我々人間のような**有胎盤類**《ゆうたいばんるい》注の精子と、有袋類の精子を見比べると、有袋類の精子の尾の部分が頭部の端っこではなく、中央あたりに連結していることがわかります。

この違いは、精子形成の段階で生じます。有袋類の精子はほかの哺乳類と似た方法でつくられるのですが、一手間多いのです。一般的な哺乳類では、精子は頭部が左右から押されるように濃縮し、縦長の形に変型します。しかし有袋類の精子の頭部は横長に濃縮され、尾の部分が頭部の断端ではなく中央部と連結します。このままでは頭部が液体の抵抗を受けてしまい、メスの生殖器の中を泳ぐには不向きなため、横長の頭部が回転して、尾

各動物の精子の先端

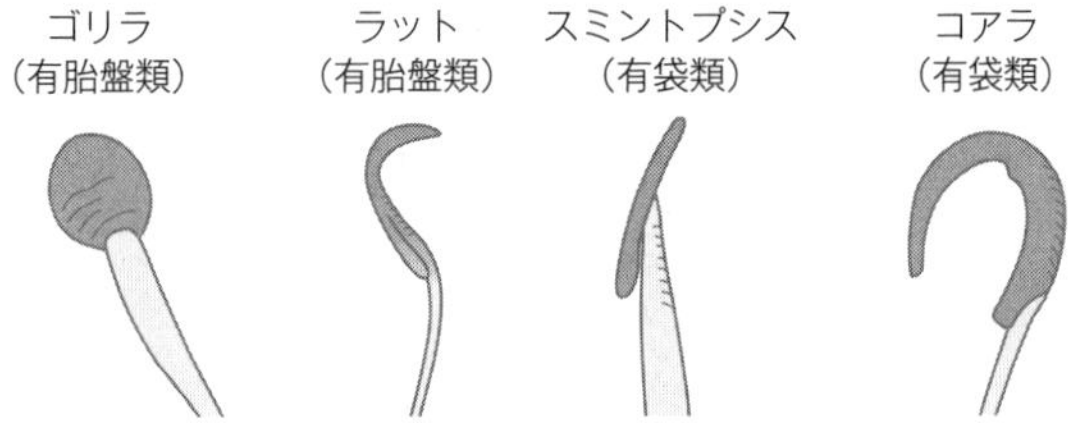

有袋類と有胎盤類の精子の変態《へんたい》

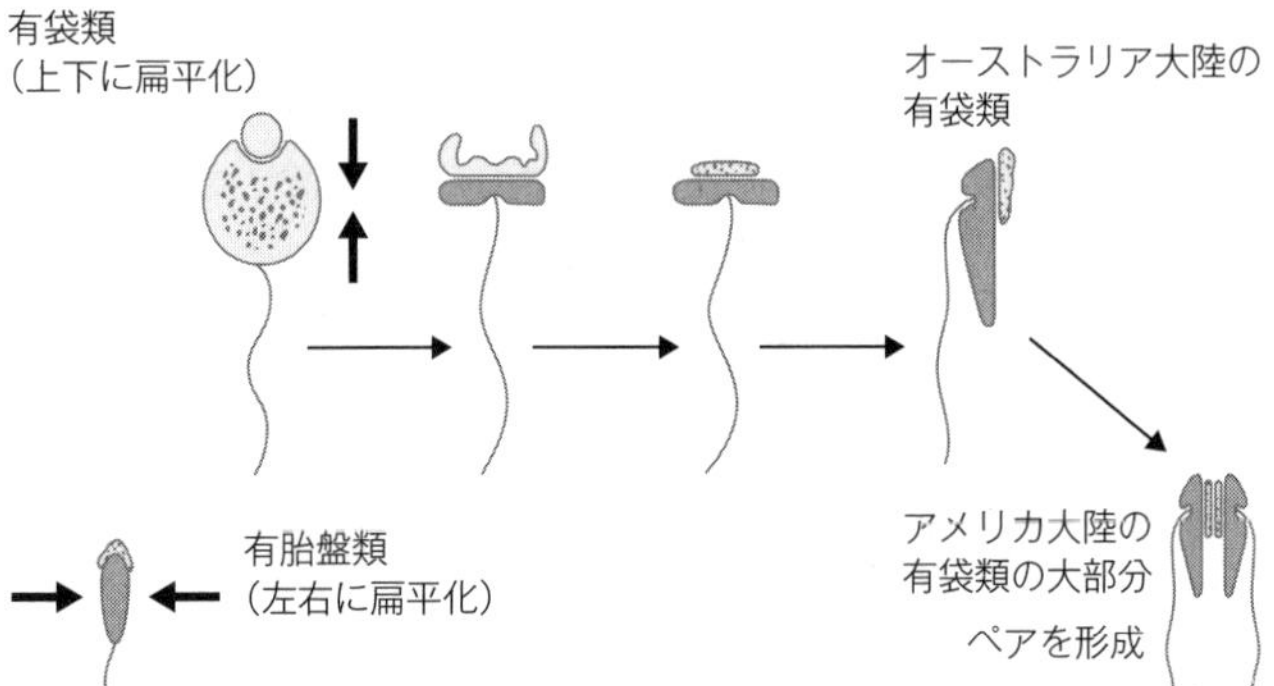

有胎盤類の精子は変態時に左右に扁平化するが、有袋類の精子は上下に扁平化する

の部分と平行になります。この頭部の回転は、有胎盤類だけではなく、爬虫類《はちゅうるい》、卵を産む哺乳類である**単孔類**《たんこうるい》[注]には認められず、有袋類に特有の現象と考えられています。なお、理由はわかりませんが、オーストラリアに生息するコアラやウォンバットでは、ほかの有袋類に比べて尾の付け根がやや端に寄っているようです。また、有袋類というとオーストラリア固有の動物と思われる方もいらっしゃいますが、実はアメリカ大陸にも生息しているオポッサムという有袋類などでは、精子がペアを形成することが知られています。

残念ながら、有袋類の精子がなぜ形成過程で頭部が回転するのか、なぜ頭部が湾曲しているのか、なぜペアを形成するのかなどの疑問に対して、明確な答えはまだ出ていません。

有袋類といえば、名前の由来にもなっているように子育てのための袋を持つメスが注目されがちですが、オスだって独特の進化をしており、目に見えないところに研究対象としての魅力がたくさん隠れていることは間違いなさそうです。

有胎盤類《ゆうたいばんるい》・有袋類《ゆうたいるい》・単孔類《たんこうるい》：哺乳類のうち、単孔類と有袋類を除いたものを有胎盤類と呼ぶ。単孔類はカモノハシやハリモグラなどの卵を産む哺乳類、有袋類はカンガルーやコアラなど、生後一定期間を母親の育児嚢内で育てられる哺乳類で、どちらも原始的な哺乳類と考えられている。

8 動物によって異なる精巣の位置

精巣《せいそう》の位置に着目して哺乳類全体に目を向けてみると、精巣下降《せいそうかこう》（第1章参照）の程度と陰嚢《いんのう》の有無によって三つのタイプに分けることができます。まずタイプ①は精巣下降が起こらず、精巣が腹腔内《ふくくうない》にとどまる動物です。これには、最も原始的な哺乳類であるカモノハシやハリモグラなどの単孔類《たんこうるい》、象、ハイラック、ジュゴンなどの近蹄類《きんているい》、ツチブタを除くアフリカ食虫類《しょくちゅうるい》、クジラやイルカなどの鯨類《げいるい》、ナマケモノ、アルマジロ、アリクイなどの南米獣類《なんべいじゅうるい》が含まれます。タイプ②は、精巣下降が起こるものの精巣が皮膚の直下、もしくはお腹の壁の筋肉内（鼠径管《そけいかん》）にとどまっており、陰嚢を持たない動物です。これには、ツチブタ、センザンコウ、一部のアシカやオットセイを除く鰭脚類《ききゃくるい》などが挙げられます。最後のタイプ③は、精巣下降が起こり陰嚢を持つもので、犬・猫などを含めた多くの有胎盤類《ゆうたいばんるい》やコアラなどの多くの有袋類《ゆうたいるい》が含まれます。

さて、ここで不思議になるのが、タイプ①とタイプ②では陰嚢がなく、精巣が暖かい環境にあると考えられるにもかかわらず、どのようにして正常に精子がつくられる環境を整えているかという点です。これについては、すべての動物で調べられているわけではあり

鯨類の精巣冷却のための対交流熱交換システム

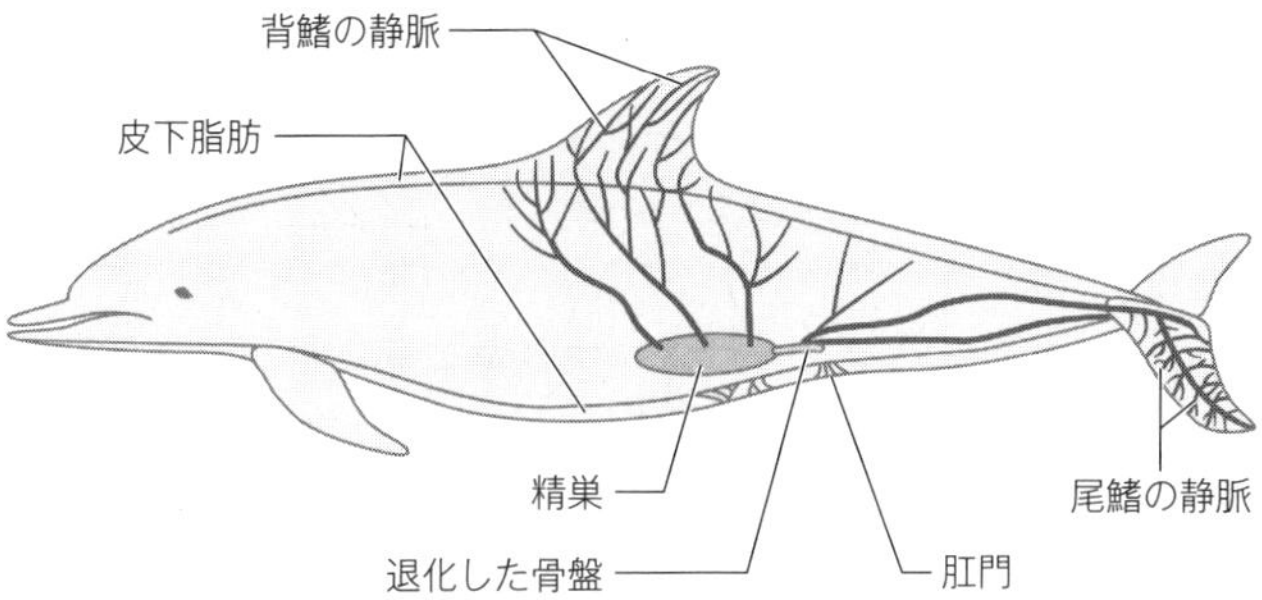

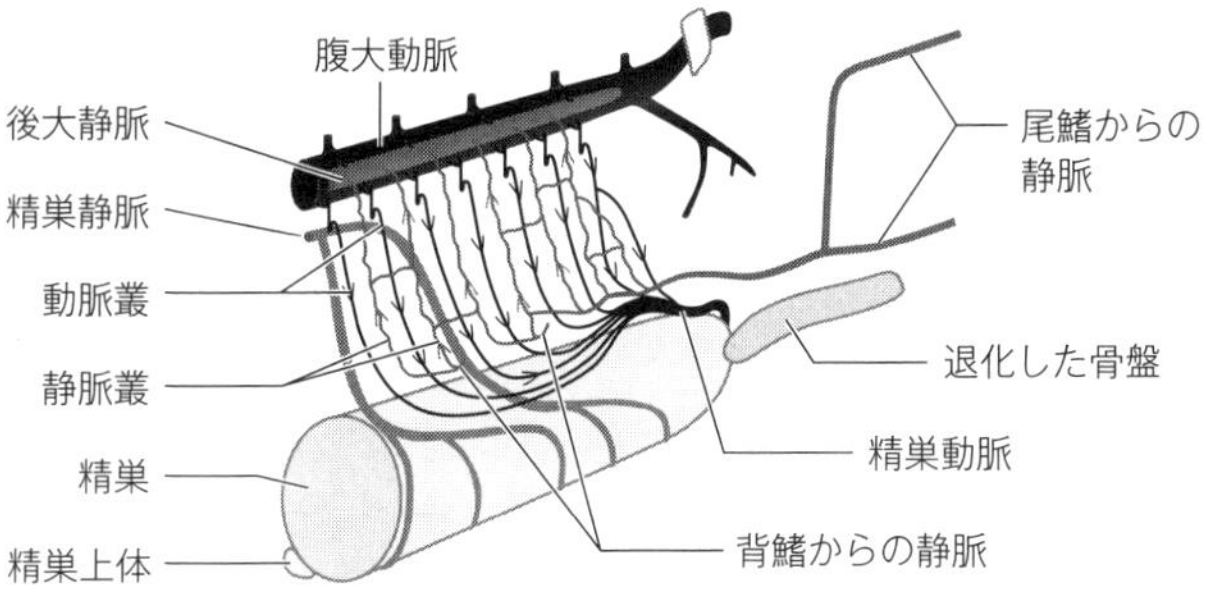

背鰭、尾鰭で冷やされた静脈内の血液が、精巣への動脈血の温度を下げる

ませんが、いくつかのことがわかっています。たとえば、鯨類では、背鰭《せびれ》や尾鰭《おひれ》で冷やされた静脈内の血液が対向流熱交換システム（第2章参照）によって精巣に向かう動脈の血液を冷やしています。また、鰭脚類では、尾鰭で冷やされた血液を運ぶ静脈が精巣を取り巻いており、直接、精巣を冷やしています。また、精子が正常につくられるための精巣の温度がどの程度であるかは動物種によって異なりますが、最高でも三六度以下が望ましいとされており、陰嚢を持たない陸生哺乳類の多くの体温が低いことから、腹腔内でも精巣で正常に精子がつくられると考えられています。

なお、精巣の位置を周囲の状況の変化に合わせて変える動物もいます。たとえば、ラットやモルモットなどは、危険を察すると一時的に精巣を腹腔内に戻すことがあります。また、コウモリやモグラの仲間には、腹腔内にある精巣を繁殖期になると腹腔外に移動させることが知られています。

参考文献

第1章

・Miller ME, Evans HE, Christensen GC. Anatomy of the dog. Saunders, 1979.

・Grandage J. The erect dog penis: a paradox of flexible rigidity. Vet Rec. 1972; 91(6): 141-147.

・Hart BL, Kitchell RL. External morphology of the erect glans penis of the dog. Anat Rec. 1965; 152(2): 193-198.

・Senger PL. Pathways to pregnancy and parturition 2nd revised edition. Current Conceptions Inc, 2005.

・K. シュミットニールセン著、下澤楯夫監訳『スケーリング：動物設計論―動物の大きさは何で決まるのか』コロナ社、一九九五年

・ホルスト・エーリッヒ　クーニッヒ、ハンス―ゲオルグ・リービッヒ著、カラーアトラス獣医解剖学編集委員会翻訳『カラーアトラス獣医解剖学　上巻』緑書房、二〇〇八年

・Werdelin L, Nilsonne A. The evolution of the scrotum and testicular descent in mammals: a phylogenetic view. J Theor Biol. 1999; 196(1): 61-72.

・Rommel SA, Pabst DA, McLellan WA, Mead JG, Potter CW. Anatomical evidence for a countercurrent heat exchanger associated with dolphin testes. Anat Rec. 1992; 232(1): 150-156.

第2章

・小笠晃、金田義宏、百目鬼郁男監修『動物臨床繁殖学』朝倉書店、二〇一四年

・中尾敏彦、津曲茂久、片桐成二編『獣医繁殖学第4版』文永堂出版、二〇一五年

・毛利秀雄、星元紀監修、森沢正昭、岡部勝、星和彦編『新編　精子学』東京大学出版会、二〇〇六年

- Senger PL. Pathways to pregnancy and parturition 3rd edition. Current Conceptions Inc, 2012.
- Senger PL. Pathways to pregnancy and parturition 2nd revised edition. Current Conceptions Inc, 2005.
- Lincoln GA, Short RV. Seasonal breeding: nature's contraceptive. Recent Prog Horm Res. 1980; 36: 1-52.
- Concannon P, Hodgson B, Lein D. Reflex LH release in estrous cats following single and multiple copulations. Biol Reprod. 1980; 23(1): 111-117.

第3章

- McDonnell SM, Garcia MC, Kenney RM, Van Arsdalen KN. Imipramine-induced erection, masturbation, and ejaculation in male horses. Pharmacol Biochem Behav. 1987; 27(1): 187-191.
- Brownell RL, Ralls K. Potential for sperm competition in baleen whales. Report for the International Whaling Commission, Special Issue. 1986; 8: 97-112.
- Cooper G, Schiller AL. Anatomy of the Guinea Pig. Harvard University Press. Cambridge. MA. 1975.
- Mollineau W, Adogwa A, Jasper N, Young K, Garcia G. The gross anatomy of the male reproductive system of a neotropical rodent: the agouti (Dasyprota leporina). Anat Histol Embryol. 2006; 35(1): 47-52.
- Brust DM. Sugar Gliders. Exotic DVM Vol 11(3). p32-41. 2009.
- Lindenmayer D. Gliders of Australia: a nutural history. University of New South Wales Press. 2002.
- 加藤嘉太郎著『家畜の解剖と生理』養賢堂、一九六一年
- Parrish JJ. Animal/dairy science 434, Male reproductive tract anatomy. University of Wisconsin, 2014.
- Brendler CB, Berry SJ, Ewing LL, et al. Spontaneous benign prostatic hyperplasia in the beagle. Age-associated changes in serum hormone levels, and the morphology and secretory function of the canine prostate. J Clin Invest. 1983; 71(5): 1114-1123.

・中村健児著『形態　泌尿生殖器　動物系統分類学：９（下Ｂ２）　脊椎動物（Ⅱｂ１）　爬虫類Ⅰ』p134-139、中山書店、一九九二年
・Kelly DA. Penile Anatomy and Hypotheses of Erectile Function in the American Alligator (Alligator mississippiensis): Muscular Eversion and Elastic Retraction. The Anatomical Record. 296(3). p488-494. 2013.
・Friesen CR, Uhrig EJ, Squire MK, Mason RT, Brennan PLR. Sexual conflict over mating in red-sided garter snakes (Thamnophis sirtalis) as indicated by experimental manipulation of genitalia. Proceedings of the Royal Society Biological Sciences. 2013; 281: 1774.
・Gould KG. Scanning electron microscopy of the primate sperm. Int Rev Cytol. 1980; 63: 323-355.
・Bozek SA, Jensen DR, Tone JN. Scanning electron microscopic study of spermatozoa from gossypol-treated rats. Cell Tissue Res. 1981; 219(3): 659-663.
・Breed WG, Leigh CM, Bennett JH. Sperm morphology and storage in the female reproductive tract of the fat-tailed dunnart, Sminthopsis crassicaudata (Marsupialia: Dasyuridae). Gamete Res. 1989; 23(1): 61-75.
・Breed WG, Leigh CM, Ricci M. The structural organisation of sperm head components of the wombat and koala (suborder: Vombatiformes): an enigma amongst marsupials. J Anat. 2001; 198: 57-66.
・Rodger JC. Fertilization of marsupials. In A Comparative Overview of Mammalian Fertilization, p117-135. Eds BS Dunbar and MG O'Rand. Plenum Press, 1991.

監修者

浅利昌男（あさり まさお）

1951年静岡市生まれ。麻布大学学長、獣医学博士。麻布獣医科大学（現麻布大学）卒業、岩手大学大学院農学研究科修了、コーネル大学およびテキサスA＆M大学在外研修。麻布大学獣医学部教授、学部長などを経て2014年6月より現職。専門は獣医解剖学、獣医臨床解剖学、リンパ管学。主な著書に『ビジュアルで学ぶ伴侶動物解剖生理学』（監修、緑書房）、『獣医臨床組織学』（監訳、ファームプレス）、『新・犬と猫の解剖セミナー―基礎と臨床』（インターズー）、『ブルース・フォーグル博士のわかりやすい「犬学」―犬をきちんと理解するための本』（翻訳、同）、『ブルース・フォーグル博士のわかりやすい「猫学」―猫をきちんと理解するための本』（翻訳、同）など。

2018年6月現在

どうぶつのおちんちん学

Midori Shobo Co.,Ltd

2018年 7月20日　第1刷発行
2025年 3月 1日　第3刷発行

監 修 者 ……………… 浅利昌男
発 行 者 ……………… 森田浩平
発 行 所 ……………… 株式会社 緑書房
〒103-0004
東京都中央区東日本橋3丁目4番14号
TEL　03-6833-0560
https://www.midorishobo.co.jp

編集 ……………… 柴山淑子、池田俊之
カバーデザイン ……………… アクア
印刷所 ……………… アイワード

ISBN978-4-89531-337-7　Printed in Japan